优秀是习惯

刘少影◎编著

天津出版传媒集团
天津人民出版社

图书在版编目（CIP）数据

优秀是习惯 / 刘少影编著 . -- 天津 : 天津人民出版社 , 2018.12

ISBN 978-7-201-13978-4

Ⅰ . ①优… Ⅱ . ①刘… Ⅲ . ①习惯性－能力培养－通俗读物 Ⅳ . ① B842.6-49

中国版本图书馆 CIP 数据核字（2018）第 187245 号

优秀是习惯

YOU XIU SHI XI GUAN

出　　版　天津人民出版社
出 版 人　黄　沛
地　　址　天津市和平区西康路 35 号康岳大厦
邮政编码　300051
邮购电话　（022）23332469
网　　址　http: //www.tjrmcbs.com
电子信箱　tjrmcbs@126.com
责任编辑　刘子伯
印　　刷　三河市恒升印装有限公司
经　　销　新华书店
开　　本　710 × 1000　　1/16
印　　张　16
字　　数　200 千字
版次印次　2018 年 12 月第 1 版　2019 年 1 月第 1 次印刷
定　　价　39.80 元

目 录
Contents

第1章 养成优秀的习惯

第2章 习惯左右你的人生

第3章 培养好习惯，改造坏习惯

第4章 从学习开始，改变命运

第5章 守信、惜时的习惯丰富人生

第6章 用独立自主的习惯走执着的人生之路

第7章 自信、积极地战胜人生的困难

第8章 踏实与正直是一种品德

第9章 忍让宽容，人生之友

第10章 勤俭之德，人生良友

第11章 端正心态，拥有好习惯

第1章

养成优秀的习惯

人是习惯的动物

习惯是在生活中长期形成的一种比较稳定的行为方式，是惯性反射下的意识行为；习惯是一种顽强而巨大的力量，它可以直接影响一个人的命运。

习惯可以决定你的命运。好习惯会使你活得更好、更精彩、更成功；而坏习惯会让你的成功大打折扣，甚至可能会让成功变成失败。

习惯是习以为常，惯性反射下的意识行为。习惯直接影响一个人的命运。习惯可以是不知不觉中形成的，也可以是有意识去养成的。坏习惯可以经过努力而改掉，好习惯也同样可以经过努力而养成。

如果我们对习惯的养成，有更好的认知和了解，然后又能清楚地选择自己所要的好习惯，那么你就能掌握自己的生命，而不会让自己在生命的海洋里随波逐流。

习惯是长期养成的不易改变的说话、行动、生活等方式。在大部分情况下我们对习惯往往习以为常，根本意识不到某些反复的动作或事情是习惯。它们是自动起作用的。

某些是好习惯，例如：定期锻炼；事先做计划；尊敬他人。

某些是坏习惯，例如：遇事总往坏处想；自卑感；总是怪罪别人。

某些习惯无所谓好坏，例如：晚上淋浴；用叉子喝酸奶；浏览杂志时从后向前看。

由于习惯的不同，它们不是造就你，就是毁掉你。我们怎么做，我们就会变成怎么样的人。正如美国学者萨穆尔·斯迈尔所说：

播种思想，收获行动；播种行动，收获习惯；

播种习惯，收获性格；播种性格，收获命运。

幸而你比你的习惯要更强大。因此你能改变习惯。例如，试着将你的双臂环抱胸前，看看，哪只手臂在上面？然后试着反方向（改变手臂的上下位置）环抱一次。

很怪，是吗？但如果你连续 30 天这样反方向环抱双臂，你就不再感觉那么怪了。你甚至不用想就能做到，你已经养成习惯了。

好习惯、坏习惯与中性习惯

人的习惯多种多样，不同的习惯会带来不同的生活方式，因而也会主宰不同的人生。就习惯对人和生活的影响而言，它可以分为好习惯、坏习惯和中性习惯。

人的习惯多种多样，就习惯对人和生活的影响而言，它可分为好习惯、坏习惯与中性习惯。

（1）好习惯

所谓好习惯是指在日常生活中，一个人的言行举止具有良好的风貌，能展现文明、优雅，并在人们心目中留有美好感受的习惯性行为。如读书、看报、晨练、做事有条理、尊重他人、讲究卫生等。

（2）坏习惯

坏习惯是指在日常生活中，一个人由于缺乏修养，表现出粗俗、急躁、无聊、不道德等，致使危害他人的身心健康，引起人们厌恶的习惯性行为。如随地吐痰、酗酒、赌博、吸烟等。

（3）中性习惯

所谓中性习惯是指既不能说好，也不能说坏，而介于好习惯与坏习惯之间的一种习惯性行为。如每天上网聊天 1 小时，每天看 2 小时电视等。

人的习惯总会打上时代的烙印

每个时代都有每个时代的特色，每个时代都有每个时代的印迹。历史就是在克服困难中加强了人性，并将人的习惯打上时代的烙印。

中国有 fow 年的历史，这 fow 年给所有中国人至今仍不曾改变的传统。孔子的儒家思想几千年来仍在，每年我们仍在纪念孔子。而每一个人的启蒙教育，又残存着多少的传统思想，这个题目实在太大了，大到可以成为中国思想史的巨著！

每个时代都有每个时代的包袱与问题。而历史就在克服困难中加强了人性，加深了身后的步履。回忆起过去的岁月，愈是艰辛，愈是让人回味与留恋，在回忆里都饱含着欣慰与骄傲。

你的父母亲或是更遥远的祖先是哪个朝代的人呢？

你的父母亲又是成长于哪个时代呢？

你念几年级？三年级、四年级、五年级还是六年级呢？

有一本书中这样写道：那样的年头出生的小孩，不曾经历逃难的岁月，又称不上放肆的新人类，总有一股说不上来的腼腆与尴尬。由于受封建意识的影响，在他们的生活中都有着一种十分保守、内向和拘谨的心理习惯。在学校里，男孩与女孩之间，不敢交流，不敢沟通，即使在同一课桌，都自然地划分出明显地界限。这种习惯无疑的是受着时代氛围的影响，因而打下了时代的烙印。另外在那个时代下，仍要用毛笔写周记，仍然会守着电视看凌晨转播的棒球比赛，仍然享受着生平第一次外国偶像崇拜：“唐尼·玛丽奥斯蒙”。

在这个时代生长的孩子，不像是父母历经战乱，更不像是现在的年轻人可以主宰自己的人生，代沟是永远都存在的，流行总会有再回头的时候，时代的喜好本来就没有绝对，美的标准也因时代而差异。

在唐朝杨贵妃的时代大概不会有瘦身的行业，即便在 30 年前，大家都营养不良，能全家温饱就不错了，养得胖是福气的象征，现在倒是小胖子太多了，寒暑假得让父母带着去上减肥班。

上一辈子的人老了，只能靠着写信来抒发自己的怀念，而年轻人觉得这样实在是太慢了，一直好心试着教老人发邮件。老人们没有人可以倾诉，搭了老远的公车去看早走的老伴，老人告诉年轻人等老人走后不必常来看他，因为通过网路就可以扫墓了，纸钱也免了，烧张卡吧，经济又环保。

时代真的不同了，20 年前的单纯老实是好的习惯，现在可能是第一个受骗的冤大头。过去企业成功的典范，现在可能是走进衰败最主要的原因。经验让我们有了决策的标准，但也在无形中锁住了我们接纳新讯息的能力。反应新问题的能力与速度，将是下一世纪企业胜负的关键。

比尔·盖茨曾说："如果 80 年代的主题是品质，90 年代是企业再造，那么公元两千年后的关键就是速度。……当经营速度快到某个程度，企业的重要本质就跟着改变。"对于未来，我们都相信是诡谲多变的，是充满竞争性与复杂性的。不管现在我们从事什么工作，什么行业，如果我们现在的决策模式是因为过去这几十年都是这么做的，那我们已落入了传统的"典范"中，更大的危机即将要出现了。

请相信一句话："没有夕阳工业，只有夕阳观念。"

人的习惯总是与环境相适应

人的习惯常常受到环境的影响，随着环境的变化而变化。诸如生长的环境、学习的环境、工作的环境等，环境可以造就人，环境可以改变人。

井边的青蛙，对着东海里的鳖说："我好快乐呀！我出来就可以在井边跳来跳去，到井内就可以在井壁的砖缝中休息。跳到水中，水浸到我的腋窝和下巴，踩着泥巴则淹没了我的脊背，回首一望，孑孓和蝌蚪都比不上我！而且我独占一坑之水，盘踞一口井，这快乐到了极点，先生！你要不要进来看看呢？"

居住在东海的鳖左脚不进去，右膝已经被绊住了，只好徘徊退出，他对井里的青蛙叙说着他所居住的环境："那里很大，千里之遥远，不足以形容它的广阔，千仞之高，不足以道尽它的深度。夏禹时十年有九年淹大水，而海水并不会为此增加，商汤时八年有七年大旱，而岸边的水也不见减少。它不会因为时间长短而变化，不因雨量多寡而增减，这就是东海，这就是居住在东海的快乐。"

井底之蛙听完以后，惊恐地望着东海的鳖，茫茫然不知所措……

这是出自于《庄子》秋水篇的寓言故事，想要提醒大家的是，你的思考与心灵是否受到了环境的影响，是否因熟悉而阻碍了突破的决心。

（1）生长的环境

还记得"泰山"吗？在深山里长大，由母猿来抚养，这个孩子的行为言语和一般动物接近，他也能听得懂猿猴之间的语言，甚至只要大喊一声，许多的动物都会来应声支援。

人类亦然，想想看吧，孩子如果给不同的保姆带，养成的生活习惯都不会一样。如果小时候给爷爷奶奶带，到了五六岁再回到自己身边的时候，就很难教了。原因无它，爷爷奶奶两人对孙子的要求恐怕是有求必应、舍不得打骂。等惯坏了，要再重新适应新的规范，就不容易了。

生长在城市与乡下的孩子习惯也不会一样。在乡下与大自然接触的机会多，日子不会无聊。在村边的小河里，门前的大树上，甚至灌蟋蟀、钓青蛙、抓泥鳅、烤番薯都有他们的欢笑声，一些孩子碰到节庆，偶尔还要跳个八家将或军鼓阵、宋江阵。

都市的孩子没有小河可玩，但可随着大人去做水疗，可以到动物园或海洋生物馆去看动物，可以从探索·发现频道看到世界万象的景观，他们拥有另一种生活方式。

在国外长大的孩子也和国内长大的孩子不一样，气质、服装、谈吐都不同，其中对表达关心与爱的方式热情生动，亲吻与拥抱只是一种打招呼的方式，而国内人却认为那像是以身相许般的大事。

不同的环境，自然也培养了人们惯用言语的环境。在广州长大，会讲粤语。走南闯北，可能听得懂各种南腔北调。在上海长大，就会讲上海话。而到新加坡，甚至马来西亚的华人，可能会七八种语言，因为东南亚的种族复杂，为了生活的便利，他们自然而然的有了多种语言的能力。

买房子会考虑环境、社区等，因为环境与人的关系就像是“种瓜得瓜、种豆得豆”一样。

（2）学习的环境

前面谈到环境的多样与语言的差异，让我联想到一个广告词：“让孩子自然而然地习惯两种语言。”很多人会把孩子送到双语幼儿园，因为想让他有一个大量使用英文的环境。我们从小学开始学英文，到现在大多数的人不敢讲英文，为什么？答案是环境！一个人出国留学或游学，大量使用语言，外语一定会进步的。

读理科和读文科的也会培养出不同的思考习惯。读理科的人重事实、实验、证据、推理和逻辑分析，他们大多数是左脑发达。读文科的重感受、审美、想象、空间，这些人大多数是右脑发达。经过长期思维方式的演练，读理科的人培养了冷静、批判的性格，读文科的人养成创作和完美的性格。

（3）工作的环境

军人当久了会有军人的习气，即使穿了便服，谈吐、举止仍然像个军人。重伦理、强调纪律、重服从的特质会因十多年来的环境塑造而趋于稳定。

公务人员当久了也会染上公务人员的习性，即使本质热情奔放，一旦干了20年，大概也会趋于保守。公务人员要进步，要强化为民服务的能力。政府致力于行政革新的推动，希望破除官僚与安逸的环境，整体环境的调整是当务之急。

企业也有各种性质，像制造业与服务业有很大的不同。即使都在服务业，也会因部门工作内容不同而有差异。每个人都在职场上摸爬滚打三四十年，这三四十年下来，在性格上留下的刻痕怎么可能不深呢？

人的习惯往往受到人的影响

人的习惯会受到人的影响，这是很容易判断出来的。而且这些人必须是与你有交流或相处的，而不是指所有的人类。有些人，可能对你的性格或习惯的形成，就没有太大的助益！在现实生活中，有哪些人可能会影响我们的性格或习惯的形成呢？

（1）父母

父母对孩子的思考与行为的影响是深远的，它并不会因为孩子长大而中断。当然父母的关心愈多，成人的独立性也愈会受到压抑，我们便无法发展出健全的自我。在《割断脐带做大人》一书中，有着很深刻的描述：“我们仿佛是一个公开的股份有限公司，别人占有决定性的股份，而最大的股东往往就是父母。”

父母不同的教育，自然会让孩子有不同的发展，《富爸爸，穷爸爸》这本畅销书大家应该不陌生，作者罗勃特·清崎在文中说他有两个爸爸，一个告诉他“贪财乃万恶之源”，而另一个爸爸的教导却是“贫困才是万恶之本”。

父母的理财直接影响了孩子的投资习惯。是积极大胆，还是保守不冒风险？这样的情境是可以适用于大多数的家庭的。

在中国的古代管这叫“家风”“庭训”。当然并不是所有父母亲留给我们的都是好习惯，有些不良的示范，也会让孩子上行下效，所谓“有样学样”“上梁不正下梁歪”“有其父必有其子”也不无道理。

一位好友，他是企业家的第二代，大家都说他是含着金汤匙出生的。他很感慨地说，他一出生，路就已经安排好了，所有的人都希望他能青出于蓝而胜于蓝。他笑说，人们看他拥有的多，他自己却很清楚地知道他失去的更多。至少他没有办法大大方方地走在街上，没有办法潇洒地吃顿小吃，甚至自己的时间与兴趣都被抹杀掉了。听完了！只能寄予最深的同情。

每一个人的原生家庭状况都不同，如果一个家庭拥有财富、名望、权力，这家庭里的孩子未来的路可能就窄了。相反的，一个人的原生家庭若是没钱又没势，这孩子的路可能反而宽了，因为要生存的勇气锻炼出最顽强的斗志。

（2）老师

师者，传道、授业、解惑，这些都是一个人能力启蒙的开始，老师给予我们的不只是言教更是身教。

吴修齐老先生是高清愿先生的典范，高清愿先生也培养出了林苍生、徐重仁等专业经理人。这种教导不是短暂的，而是以生命相交的，它已经超越了主雇关系，更像是家人的一分子。

林怀民曾受教于玛沙·葛兰姆，朱铭因杨英风的指导舍匠气之华丽，大胆去追寻自然情感的表达。口足画家谢坤山向吴炫三学画，了解如何感受到这个世界，并将它表露于画布上。

一位美国的企业家柏金斯曾说："每一个成功的人，都有个师父或导师，我们谁都受过别人的帮助，只是有些人更温暖，更有远见，且更无私地帮助你而已。"

武侠小说里，李慕白碰到了名师江南鹤，自然培育出大侠的风范，玉娇龙的师父为碧眼狐狸，最后只练得一身邪气。

名师是重要的，更重要的是师者的德行。而不只是在课堂上所传授的，当你心中有了"心向往之"的念头时，这些大师的思考与行为会不知不觉地融入生活，而你的习惯也会在不知不觉中开始重组及再生。

（3）主管及老板

一本管理学书中写道："公司的领导人最重要的任务就是塑造组织的文化。而公司文化的塑造有赖于最高领导人自身的行为，所透露出来的讯息。公司的员工会从领导人的一举一动演绎出领导人的价值观，再承体上意，上行下效，公司文化于是形成。因此，领导人的管理风格对公司的成效有极大的影响。"

世界知名的企业领导人如日本的松下幸之助、盛田昭夫，美国奇异电器的威尔许，都有其独特的管理风格。

愈是有明显的作风，所属的一级主管几乎都含有类似行为作风的倾向。即使原本没有迅速反应的行动力，也会因为须完成主管或老板的期待而勉强自己去做到。这种反应若是持续性的，很自然地变成“理所当然”，这种互动是很容易察觉的。据调查，一个主管的管理风格，会深深受到他踏入社会的第一个老板或主管的影响。

一个人性化的主管或斯巴达式的管理风格，都有其历史渊源。当然，如果我们现在是个主管，新人将会从你的身上学到最多，不论是感动的或是引以为戒的……想想看吧，你希望年轻人能从你身上学到什么?

（4）同学、朋友、邻居、同事

做父母亲的都很怕孩子交上坏朋友而误入歧途，社会新闻里类似这种集体犯案的事件比比皆是。为了给孩子一个好的学习典范，入名校、挑好班，成了人之常情。

《论语》里谈道：益者三友，损者三友。我们要和正直的人交朋友，和诚实的人交朋友，和见闻广博的人交朋友，这样才有助于我们，如果与逢迎谄媚的人友好，与当面恭维、背后毁誉的人交朋友，与花言巧语的人友好，那我们也会受到伤害。

试着选择有良好习惯的人做朋友，它会像一面镜子，除了让你正衣冠以外，亦可以帮助你辨是非、明利害。

好朋友成就一生事业，而交到坏朋友若为他作保，结果声誉全无，还会拖累全家。朋友之间互相的影响甚巨，实不可不慎啊!

怎样认识“习惯成自然”

“习惯成自然”是柄双刃剑，好的习惯成了自然，可为你带来健、寿、智、乐、美、德；坏习惯成了自然，日积月累，便成了健康的杀手。

“习惯成自然”在生活中大量存在，我们对“习惯成自然”应该怎样认识呢？怎样用它来增进健康呢？

坚持好的生活习惯是个自觉的过程，需要理智；养成坏习惯是个自发的过程，一不留神，便会“自然”养成，一念之差便可成为坏习惯的开始。在某种意义上说，好习惯就等于健康，如果你能明智地认识到这一点，不懈怠地坚持养成有利于健康的各种好习惯，那么，健康就必然属于你，可惜，至今仍有许多人在坏习惯中“浪费健康”“消磨生命”而不自知。在改正坏习惯上还自觉不自觉地在找借口而拖延。错误习惯既铸成，又没有决心改正，总会找到借口的。结果，这种欺骗自己的借口，到头来还是自己的健康受亏。故需人们加强自我体察，增加科学、医学知识，自觉防范。为了加深这一印象，这里略举几个例子来加以说明。

（1）别洗脏了手

饭前便后洗手已成为共识，但怎样洗手，洗干净手，多数人却做不到。别看这洗手是件“小事”，其中也有学问。许多人习惯在盆里洗手，尽管擦上肥皂，认真反复地搓擦，手上的污垢可尽入盆中，盆中水变成了污水了，手从水中出来时总不免带出些这样的污水。更有甚者，一家人共用一盆水洗手，这样就集全家人手上的污垢于一盆。如此洗手，反而把手洗脏了，有时比不洗还糟。所以，提倡流水洗手。但流水洗手就没问题了么？特别是公共场所的龙头开关，经过众人之手，集众人之脏是传播疾病的重要媒介，手洗净后再去关龙头时，洗净的手又会被脏龙头再次污染。所以，洗手的正确方法是：在抹上肥皂搓手之际，顺便用手上的肥皂泡沫搓洗一下龙头开关，再捧上些水把它冲净，待洗净双手后再用手关龙头，就不会被再次污染了（医生都是这样做的）。你看，这区区洗手小事，里面包含了多少习惯啊。你也可能觉得有点麻烦吧，若一开始就将这些正确的行为养成习惯，你便一点也不觉得麻烦，而且见别人不这样做，反而觉得别人不讲卫生了。

（2）用毛巾也有习惯问题

你每天洗脸用的毛巾，用完后是怎样放置的？有人将湿毛巾挂在室内，有人把它搭在脸盆边上。我们知道，多数病菌，特别是霉菌，都喜欢在潮湿的环境里生长繁殖。上述那些放置湿毛巾的地方正符合这个条件。在此环境中，病菌繁殖的速度是很快的，一个病菌经过 24 小时即能繁殖 2800 亿个。带有大量病菌的毛巾，等你下次再用时，便会感染你的手和脸，这不是很危险吗？正确的做法是：洗完脸后把毛巾晒在朝阳的绳子上，让太阳把它晒干。许多病菌在阳光下，2 小时即可被杀死。这样做，目前可能不符合许多人的习惯，但它却是一个正确的习惯。坚持下去，便会习惯成自然，那时，若不晒反而感到不习惯了。

（3）举一隅不以三隅反

我们每遇一种行为、一个动作，都要考虑一下，它是否正确、科学，对的便坚持做下去，把它养成习惯，错的则要改正。例如菜板生、熟要分开，更重要的是用后不要让它一直待在厨房里“终年不见天日”，它也要晒。也许你会说，已用抹布擦干了。抹布是个大污染源，你平时是怎样用和放抹布的？是否用完后随便一扔完事？再用时拿起便用？殊不知，在不用的时间里，抹布上的病菌在大量繁殖，据检查：一块普通抹布，其上竟有葡萄球菌 500 万个，大肠杆菌 200 万个。用这样的抹布去擦任何东西，都会被污染，还不如不擦。但我们多数人却偏偏有这个坏习惯，餐具、物件已水洗干净后都要用抹布去擦，菜板、锅、铲、盆、碗、水果……都莫不如此。当你抵抗力强时，这样做似乎也没有什么不良后果（其实在微观上对健康已造成了损害）；当你抵抗力弱时，就要因此而生病了。但你却不知其原因之所在。还有，纸币经过万人之手，是最脏的。你用过它后洗手了没有？还有，每个人还有一个“卫生死角”，就是衣兜。手绢、票子、硬币、钥匙……都往里塞，简直是个杂货铺，“进口”的和不“进口”的，干净的和不干净的，全混在一起，你也有这个坏习惯么？类似的情况在生活中是很多的，你要用你的科学知识来思考一番，并与习惯挂上钩，你就会明白。在习惯中可获得和增进健康，在习惯中也可损害和失去健康，你要注意习惯对健康的影响，就要一点一滴地从小处做起，向习惯要健康、长寿！

现代人应该具备的好习惯

播种一个行动，你会收获一个习惯；播种一个习惯，你会收获一个个性；播种一个个性，你会收获一个命运。

随着人类社会进步、文明的发展，好习惯将会把人生带入最佳的境界。现代人必须具备如下好习惯。

（1）勤于学习

随着现代社会的迅速发展，可以说学习是根本之根本。学习能够活跃人的思维，开拓人的视野，丰富人的知识。良好的学习习惯能改善人们的生活品质，驱除束缚人们身心的消极意识，从而使人不断涌现出强劲的活力。

（2）善于倾听

倾听的习惯是一种美德。它是一个人具有敏锐的目光、冷静的思维、宽阔的胸怀、高深的修养之表现。善于倾听有利于我们不断获得新的信息。捕捉和调整新的决策，它是人们获得信息与财富的重要保证之一。

（3）拥有微笑

微笑是人生宝贵而美好的重要习惯，是一个人从心里流露出的一种自然而亲切的表情。在与人们的交往中，真诚的微笑往往会给别人留下美好而深刻的印象。微笑就像能冲破阴云的阳光，使人变得愉快晴朗。在人生的旅途中，微笑往往会成为走向成功的通行证。

（4）坚持运动

运动习惯是指人们在日常生活中有规律地坚持健身锻炼的运动行为。坚持运动可以提高人们的身体素质，有利于人们更好地投入工作与学习之中，是保持强健的体魄，旺盛的精力以便开创美好生活的重要保证。

（5）善于放松

善于放松是一种良好的习惯，它可以缓解和调整紧张的工作节奏，消除倦怠与疲劳，使身心得以愉快、舒适。拿破仑·希尔说："任何一种精神和情绪上的紧张状态，完全放松之后就不可能存在了。"这就是说，如果你能放松紧张情绪，就不可能再烦闷和压抑，从而可以保持一个良好的心态。

（6）培养文明

文明是一个人内心世界的外在表现。现代人在社交活动中都希望能给人留下温文尔雅、谈吐不俗、风流洒脱的美好印象，但人的文明习惯行为都是受一颗知书达理的"心"支配的。为此人们必须加强学习文明知识，提高文明素质和道德修养。文明可以使你获得尊重，可以使你感受到生活的温馨和快乐。

第2章

习惯左右你的人生

习惯的力量是巨大的

好的习惯使人立于不败之地，坏的习惯把人从成功的神坛上拉下来。美国前第一富豪保罗·盖蒂对此有过深切的体会。

有个时期，盖蒂的香烟抽得很凶。有一天，他度假开车经过法国。那天正好下着大雨，地面特别泥泞，开了好几个钟头的车子之后，他在一个小城的旅馆里过夜。吃过晚饭他便到自己的房里，很快便入睡了。

盖蒂晚上两点钟醒来，想抽一支烟。打开灯，他自然地伸手去找他睡前放在桌上的那包烟，结果是空的。他下了床，搜寻衣服口袋，结果毫无所获。他又搜索他的行李，希望在其中一个箱子里，能发现他无意中留下的一包烟，结果他又失望了。他知道旅馆的酒吧和餐厅早就关门了，心想，这时候要把不耐烦的门房叫过来，太不堪设想了。他唯一能得到香烟的办法是穿上衣服，走到火车站，但它至少在 6 条街之外。

情况看来并不乐观。外面仍下着雨，他的汽车停在离旅馆尚有一段距离的车房里，而且，别人提醒过他，车房是在午夜关门，第二天早上 6 点才开门。而且能够叫到计程车的机会也将等于零。

显然，如果他真的这样迫切地要抽一支烟，他只有在雨中走到车站，但是要抽烟的欲望不断地侵蚀着他，他想抽烟的欲望就越浓厚。于是他脱下睡衣，开始穿上外衣。他衣服都穿好了，伸手去拿雨衣，这时他突然停住了，开始大笑，笑他自己。他突然体会到，他的行动多么不合乎逻辑，甚至荒谬。

盖蒂站在那儿寻思，一个所谓的知识分子，一个所谓的商人，一个自认为有足够理智对别人下命令的人，竟要在三更半夜，离开舒适的旅馆，冒着大雨走过好几条街，仅仅是为了得到一支烟。

盖蒂生平第一次注意到这个问题，他已经养成了一个不能自拔的习惯，他愿意牺牲极大的舒适，去满足这个习惯。这个习惯显然没有好处，他突然明确地注意到这点。头脑很快清醒过来，他片刻就做了决定。

他下定了决心，把那个仍然放在桌上的烟盒揉成一团，丢进废纸篓里。然后脱下衣服，再度穿上睡衣回到床上。带着一种解脱，甚至是胜利的感觉，他关上灯，闭上眼，听着打在门窗上的雨点。几分钟之内，他进入一个深沉、满足的睡眠中。自从那天晚上后他再也没抽过一支烟，也没有抽烟的欲望。

盖蒂说，他并不是利用这件事指责香烟或抽烟的人。常常回忆这件事，仅仅是为了表示，以他的情形来说，被一种恶习惯制服，已经到了不可救药的程度，差一点成为它的俘虏！

常常做一件事就会成为习惯，而习惯的力量的确大极了。但是人类也有一股不小的缓冲能力，人类既然有能力养成习惯，当然也有能力去除他们认为不好的习惯！

一个商人有乐观和热忱，这对自己是有帮助的。它会使工作较顺利、较容易，而且也会激励和鼓舞他的同僚和下属。但是，习惯性的乐观和热忱，往往会造成危险的甚至是不堪设想的过度乐观和过度热忱。

美国有一个商人，名叫史密斯。他的乐观，对他建立的几个工厂很有助益，也帮他赚了许多钱，使他前途无量。不幸的是，史密斯所有做生意的经验都是从旺季得来的，因而，他的乐观看法和希望，也都是在旺季的市场下一一实现的。

后来，突然转换到经济比较萧条的时期。这种时候，有经验的商人，或多或少都会收敛一点，节省开支，小心翼翼地等待着经济状况改观。

然而史密斯完全没有办法适应这种新的情况，过分乐观的习惯已牢不可破，在应该踩刹车的时候，他却仍旧一如既往加足油门往前冲，并且非常自信地认为前途似锦呢。

经过一段很短的时间，史密斯已没有办法在那种情况下生存了。他过度发展自己的事业，结果破产了。

由此可见，习惯的力量是多么大，它既可导致一个人的事业走向成功，亦可导致它走向毁灭。

良好的习惯是成功者的第二性

很多人都说：养成好习惯较难，而陷入坏习惯很容易！但也并非一定如此，主要还是看一个人的毅力。事实上，习惯就是习惯，并没有合理的推论来说明养成好习惯比养成坏习惯要难。

动作敏捷或缓慢只是习惯问题。一个人不是养成准时的好习惯，就是养成迟到的坏习惯。

一个有准时习惯的人，对他有很大的好处和利益。不管是赴约、开会或实现任何方面的诺言。

人家请你吃饭，如果迟到的话，会使主人和其他受邀的客人不便。如此，很快地就会变得不受欢迎，以后人家就不再请你吃饭了。

对商人来说，守时是项特别有价值的资产。常言说“时间就是金钱”，这话永远都是正确的，现在这个时代尤其比以往更重要。现代企业的步调更是一日千里，分秒必争，主管和高级职员的日程必须排得满满的，因为他们负担不起生产时间的浪费，就像负担不起生产线上的耽搁一样。

美国现在有飞机的公司越来越多了，因此他们能迅速地把他们的职员准时地送到任何地方。今天美国公司的飞机就有 34000 多架，仅通用汽车公司就有 22 架。

蒙哥马利华德百货公司承认：公司利用自己的飞机运送职员，要比让他们自己去搭乘民航客机，费用要高出 1/3。但是，使用自己公司的飞机，职员的旅行时间却节省了将近 60%。而蒙哥马利华德跟许多其他的公司一样，都了解节约时间比多花点钱要划得来。

总而言之，一个人说他什么时候要到某地方而准时到达的话，不但给人一个极好的印象，他还替自己或他的公司节省了钱。

“敏捷守信”对生意人来说，非常重要，最可能成功的商人和公司，他们必定准时接受订单、交货、提供服务、付款、还债以及其他事项。假如等得时间过了，所订的货还没送来，顾客下次可能就到别的地方订货了。

节俭是另一种可以养成的习惯，而它可以说是能使任何事业成功的因素。

“勿以善小而不为。”节俭也是一样，不论大小。

一旦事业开始，对天性节俭的人而言，其成功机会较才华相同者要多。而习惯节俭的人，他知道只有减少开支和成本才有赚钱机会，而在今天高度竞争的市场里，即使在小东西方面去节俭，聚少成多，也是很可观的，甚至造成赚钱和赔钱的区别。

除此之外，对一个有节俭习惯的人而言，他似乎永远有一笔积蓄，以防不时之需，必要时可使他度过难关，或使他有扩张和改进的机会，而不必去借钱。

聪明的人都知道，能做到“准时和节俭”，对自己有很大的帮助。在生活中如果你能经常准时、节俭，直到成为你的第二天性，你就会在事业上，收到由这些习惯为你带来的利益。

好习惯是成功人生的保证

任何一个想要在事业上迅速成功的人，遇事必须养成轻松的心情，成功的人通常是能放松自己心情的人，甚至在碰到逆境的时候。

一个人能否成功是由多种因素决定的。人的行为习惯如何，是其中重要的因素。拥有良好的习惯意味着一个人拥有了积极的、主动的开拓条件，它包含着人的信念、意志、冷静、坚持等好的修养，而不良的行为习惯，无疑是影响人们事业发展的桎梏。所以说良好的习惯是事业成功的重要保证。

（1）守时、节俭能成为你一项有价值的资产

美国成功学家拿破仑·希尔认为，对成功的人来说，守时是项特别有价值的资产。常言说“时间就是金钱”，这话永远都是正确的，现在这个时代尤其比以往更重要。现代企业的步调更是一日千里，分秒必争，主管和高级职员的工作日程必须排得满满的，因为他们负担不起生活时间的浪费，就像负担不起生产线上的耽搁一样。

节俭是另一种可以养成的习惯，而它可以说是能使任何事业成功的因素。

“勿以善小而不为。”节俭也是一样，不论大小。

一旦事业开始，对天性节俭的人而言，其成功机会较才华相同者要多。而习惯节俭的人，他知道只有减少开支和成本才有赚钱机会，而在今天高度竞争的市场里，即使在小方面去节俭，积少成多，也是很可观的，甚至造成赚钱和赔钱的区别。

除此之外，对一个有节俭习惯的人而言，他似乎永远有一笔积蓄，以备不时之需，必要时可使他度过难关，或使他有扩张和改进的机会，而不必去借钱。

聪明的人都知道，能做到“准时和节俭”，对自己有很大的帮助。在生活中如果你能经常准时、节俭，直到成为你的第二天性，你就会在事业上，收到由这些习惯为你带来的利益。

（2）留下几分钟整理思绪，可以避免你决策

任何一个成功的人士，要养成最有价值的习惯是在他下决心之前，停下片刻，迅速回顾他的推理。这种最后的检查，也许只需要几分钟甚至几秒钟，但收获却非常之大。这可以让人有一次机会，来合理地整理自己的思绪，或回想自己为什么或怎样会有这种决定。这个简单的过程，可以大大地增加一个人如何迅速而有效地去处理可能碰到的难题。这有点像世界上某些最佳演员所养成的习惯一样，虽然他们可能对所扮演的角色已经熟透了，但是在开幕之前，仍会迅速地把剧本或他们自己的那一部分过目一遍。

拿破仑·希尔认识一个最成功的推销员，他对拿破仑·希尔说：他的成功是在经营事业的初期便养成了这种习惯。

“我甚至还想出一个秘诀来养成这个习惯。”他告诉拿破仑·希尔说，“去拜访顾客之前，我一定要先静下心来，喝杯咖啡，擦擦皮鞋。这样一来，在我真正踏入顾客办公室之前，我有一个最后思索的机会——如何表现自己。所得到的效果好极了！除了能从容地应付对方所提的问题外，还使我推销了很多的东西。”

拿破仑·希尔“对自己养成这种习惯的秘诀”的看法，认为是极好的。不管任何人，当他下决心之前，最好再留下几分钟来冷静地整理思绪！

（3）养成遇事轻松的心情，可以使你成为一名成功的人

任何一个想要在事业上迅速成功的人，遇事必须要养成轻松的心情，成功的人通常都是能放松自己心情的人，甚至在碰到逆境的时候。他的脑筋必须保持能感受、能反应的状态，随时准备好捕捉和发掘新机会，以了解和对付新的问题。

成功的人心境轻松的情形，就像一个合格的橄榄球员一样。当球员传球的时候假如球意外地落到他的手中，他并不胆寒或惊慌。而高明的人也是一样，对突发的新情况，并不会使他手忙脚乱。他能灵敏的反应，他有办法掌握或对付情况，他会紧抱着球跑过去，也会警觉而放松地转个方向，以免对手扑过来。

要具备这种轻松的内在能力，需要经过多次经验，才能养成这种习惯。

“随时都要把你自己看成是一个在湖中翻了船的人！”一个资深的石油商人

在盖蒂事业刚开始的时候忠告盖蒂："如果你能保持镇静，你就可以游到岸边，至少在漂浮时有人来救起你。假如你失去冷静，你就完蛋啦。"

当一个人刚开始创业的时候，真有点像突然沉溺在湖中央的船。如果他保持镇静，他生存的机会就较大，否则他就很可能溺死。刚开始做生意的人或年轻的职员，都应该常常把这警句牢记在心里，这样，你就会养成心情轻松的习惯，而获得不少的帮助，也有办法应付任何情况。

拿破仑・希尔的一位经理有种习惯，每星期都要把他那部门所有的人找来开会。虽然这种方式基本上是正确的，但开了好几个月的会，还没有产生一点显著的好结果。

这位经理想，他是否应该中断这个会议。他对于开会失败这个问题想了好久。他把问题分析之后，终于找到了答案：他每次开会的时间都是星期五下午 4 点 15 分。

由于习惯性，每当星期五，员工们都在想着回去度周末，而在下班前 45 分钟，他们对于公司的任何讨论已没有兴趣，也没有兴致了。终于这位经理把开会的时间和日子都改变了，而他这种每星期召开会议的习惯，几乎立即就变成好的习惯了。由于会议日期、时间配合得当，后来，在会中提出了很多增加产量和效率的好想法，他的员工士气也达到高峰。

一个想成功的人，必须明白习惯的力量如何强大。也必须了解养成好习惯一定要实地去做。他必须时时警惕去除那些可能破坏他好习惯的事物，也要赶快养成对自己所追求的事业有好处的那些习惯。

坏习惯是污染人生乃至社会的病源

行为习惯反映一个人的文明程度，它影响着个人与社会。可以说好习惯能美化我们的生活，而坏习惯则会污染我们的生活。

行为习惯涉及人的修养，反映出人的文明程度及内心世界，它不仅对本人起作用，还对他人、对集体、对社会、对自然界起作用。在现实生活中，有很多不尽如人意的事正是由于人的不良行为和习惯造成的。比如：有的人晾衣服晾在人家的窗前边，泼脏水泼到人家的门前，住楼上的往楼下扔脏东西，这些行为习惯必然造成邻里之间的矛盾。我们在社会上遇到的诸多不便，往往也与人的行为和习惯有关。

农村人到城市说你们这里有两大怪，一怪是“小的比老的还厉害”，指有些年轻人特别不文明，伸手就打架，张嘴就骂人，特别厉害。农村人到城市问路都不敢问年轻小伙子，明明往东走，他给你往西指。人家说，这儿的年轻人提前进入“更年期”了，脾气先变古怪了。第二怪是“女的比男的坏”，指的是有些服务行业的女性服务态度不好，行为不文明。

乘坐公共汽车，乘客明明跑到门口了，可年轻的女售票员“啪”的一下子把门关上了，闹不好还被车门夹一下。

好容易上了车，问路——女售票员爱答不理，有时还要态度；

去商店买东西——年轻的女售货员把脸拉得老长，好像你欠她什么，弄不好就吵起来，惹一肚子气；

住旅馆——服务态度冰冷，有的女服务居然当着客人的面把刷痰盂的水倒进洗脸盆里……

这些现象虽是个别的，却影响了社会的安宁和温馨。

被服务的人行为习惯不好也会造成人际关系紧张。

例如，一个旅客住旅馆，临走抄起新洗的枕巾，“噌！噌！噌！”擦自己的皮鞋。别人说：“先生，您怎么这么干哪？”他说：“这怕什么，小事！反正他们也得洗。”

有时，在公共汽车上谁挤了谁一下，一骂就是一路，越骂声越高，越骂越难听。至于随地吐痰、乱扔果皮、纸屑的现象更是严重。

所有这些不文明的行为习惯，都会造成社会的污染。

更严重的是，有些不良习惯还会酿成大祸。大兴安岭火灾就是一例，工人吸烟随地扔烟头引起了大火。还有些人有赌博习惯，搞迷信活动，等等，这都是社会的不安定因素。

要保持国家的安定团结，要使社会经济稳步发展，必须抓紧人们行为习惯的培养和训练。可以说，行为习惯直接关系千家万户，关系到我们的社会风气。为了建设一个高度文明的社会，我们必须改变坏习惯，培养好习惯。

一个国家，人们的行为习惯如何，标志着这个国家的文明程度。

在国内，大家对一些坏习惯已经习以为常，可在国外，一个随地吐痰的人，立刻就会成为众矢之的。据报道，在公共汽车上有几个外国人，边聊天边剥糖纸，几个人的动作都是一样的，他们拉开自己包的拉锁，把糖纸卷成卷扔进包中。从动作和表情看，他们都未加思索，是一种自主化的定型行为，说明他们已经养成了习惯。

而我们生活中有不少人在马路上边嗑瓜子边吐皮，吃香蕉、橘子都是随手把皮扔在地上。不良的习惯，严重地污染了生活的环境。又如，很多人有个习惯，排队买东西时，总想投机取巧，“钻”到前面去。而一些西方国家的人们对此十分看不惯。据说一位中国留美学生在美国排队购物时，施展了“加塞儿”的本领，竟受到大家的一致抗议，使他非常难堪。一件在国内习以为常的小事，却在国外丢尽了中国人的脸。

再如：德国市民非常自觉，过马路时，红灯一亮，没有一个人穿行人行道，虽然马路上一辆车也没有，但他们还是自觉地等着绿灯。可我们有些人不要说过人行道，就是骑自行车过路口，也不管不顾地乱闯红灯。德国到处可见绿茵茵的草坪，虽然没有立着“不准践踏，违者罚款”的牌子，但人们都自觉地不进入草坪。可是我们有些公园绿地尽管大字罚款招牌立着，还是有人进去，如果是在拐角处有绿地，总要被人们走出一条斜路，以取近道。西方国家一些城市的广场上总有鸽子悠闲地踱来踱去，没有人去抓、去轰，而我们这里，树上落了一只麻雀都会有人用石头砸。

在国外，演出团表演结束，观众全体起立鼓掌，表示对演员劳动的敬意。而我们国内有些演出，演员还未下台观众已走掉一半。演出节目很高雅，可观众又是嗑瓜子又是聊天，还不时发出尖叫和吹口哨。演员演得很好，观众不懂鼓掌，而演员下台时不小心摔下跟头，台下却“呱呱呱”地鼓起掌来。凡此种种习惯的不同，正体现了文明程度的不同。

上述这些，并不是说外国人什么习惯都比我们强，说他们某一方面好，不等于他们什么都好；说我们某一方面差，不等于我们各方面都差。我们只是希望在培养好习惯，改变坏习惯上不妨借鉴一些他人的长处，只要他们在这方面有可取之处，我们就应该学。

微笑的习惯是征服困境的利器

微笑的后面蕴涵的是坚实的、无可比拟的力量，一种对生活巨大的热忱和信心，一种高格调的真诚与豁达，一种直面人生的智慧与勇气。

百货店里，有个穷苦的妇人，带着一个约 4 岁的男孩在转圈子。走到一架快照摄影机旁，孩子拉着妈妈的手说："妈妈，让我照一张相吧。"妈妈弯下腰，把孩子额前头发拢在一旁，很慈祥地说："不要照了，你的衣服太旧了。"孩子沉默了片刻，抬起头来说："可是妈妈，我仍会面带微笑的。"每想起这则故事，就会被那个小男孩所感动。

从某种意义上说，人不是活在物质里，而是活在自己的精神里，如果精神垮了，没有人救得了你。包括人们所信奉的"上帝"。

约翰·内森堡是一名犹太籍的心理博士。在二战期间，由于纳粹的疏忽，使他幸免于难，然而他却没能逃脱纳粹集中营里的惨无人道的生活折磨。他曾经绝望过，这里只有屠杀和血腥，没有人性、没有尊严。那些持枪的人像野兽一样疯狂地屠戮着，无论是怀孕的母亲，刚刚会跑的儿童，还是年迈的老人。

他时刻生活在恐惧中，这种对死的恐惧让他感到一种巨大的精神压力。集中营里，每天都有因此而发疯的。内森堡知道，如果自己不控制好自己的精神，他也难以逃脱精神失常的厄运。

有一次，内森堡随着长长的队伍到集中营的工地上去劳动。一路上，他产生一种幻觉，晚上能不能活着回来？是否能吃上晚餐？他的鞋带断了，能不能找到一根新的？这些幻觉让他感到厌倦和不安。于是，他强迫自己不想那些倒霉的事，而是刻意幻想自己是在前去演讲的路上。他来到了一间宽敞明亮的教室中，他精神饱满地在发表演讲。

他的脸上慢慢浮现出了笑容。内森堡知道，这是久违的笑容。当他知道自己也会笑的时候，他也就知道了，他不会死在集中营里，他会活着走出去。当从集中营中被释放出来时，内森堡显得精神很好。他的朋友不相信，一个人可以在魔窟里保持平和。

这就是心境的力量。有时候，一个人的精神可以击败许多厄运。因为对于人的生命而言，要存活，只要一箪食、一钵水足矣。但要存活下来，并且要活得精彩，就需要有宽广的心胸、百折不挠的意志和化解痛苦的智慧。

微笑是一种心灵魔力的外在表现，这种魔力不仅能够给日渐枯萎的生命注入新的甘露，也会使你的人生开出幸福的花朵。

一家信誉特好的花店以高薪聘请一位售花小姐，招聘广告张贴出去后，前来应聘的人如过江之鲫。经过几番口试，老板留下了 3 位女孩让她们每人经营花店一周，以便从中挑选一人。这三个女孩长得都如花一样美丽，一个曾经在花店插过花、卖过花，一人是花艺学校的应届毕业生，余下一人只是一个待业青年。

插过花的女孩一听老板要让她们以一周的实践成绩为聘用条件，心中窃喜，毕竟插花、卖花对于她来说是轻车熟路。每次一见顾客进来，她就不停地介绍各类花的象征意义以及给什么样的人送什么样的花，几乎每一个人进花店，她都能说得让人买去一束花或一篮花，一周下来，她的成绩不错。

花艺女生经营花店，她充分发挥从书本上学到的知识，从插花的艺术到插花的成本，都精心琢磨，她甚至联想到把一些断枝的花朵用牙签连接花枝夹在鲜花中，用以降低成本……她的知识和她的聪明为她一周的鲜花经营也带来了不错的成绩。

待业女青年经营起花店，则有点放不开手脚，然而她置身于花丛中的微笑简直就是一朵花，她的心情也如花一样美丽。一些残花她总舍不得扔掉，而是修剪修剪，免费送给路边行走的小学生，而且每一个从她手中买去花的人，都能得到她一句甜甜的软语“鲜花送人，余香留己”。这听起来既像女孩为自己说的，又像是为花店讲的，也像为买花人讲的，简直是一句心灵默契的心语……尽管女孩努力地珍惜着她一周的经营时间，但她的成绩比前两个女孩相差很大。

出人意料的是，老板竟然留下了那个待业女孩。人们不解——为何老板放弃能为他挣钱的女孩，而偏偏选中这个外行的待业女孩？

老板如是说：用鲜花挣再多的钱也只是有限的，用如花的心情去挣钱才是无限的。花艺可以慢慢学，可如花的心情不是学来的，因为这里面包含着一个人的气质、品德以及情趣爱好、艺术修养……

富兰克林说：“懿行美德远胜于美貌。”这句话在我的大学生活里，被一个鲜活的现例所证实。

在学校里，有一个长得很丑的女孩，学校的人常常讥笑她，甚至给她取了一个封号：“丑八怪。”

每当别人这样叫她时，她都气得要命，有时甚至气得大哭起来。

有一天当她又因为别人的取笑在那里痛哭时，有一位慈祥的老工友经过，问明她难过的原因后，老工友告诉她变漂亮的秘方：

第一，脸上常常挂着笑容，碰到同学就亲切地打招呼。

第二，绝不自怨自艾，不再去管自己的长相如何。

第三，乐于帮助人，用一颗善良的心去服务别人。

老工友告诉她只要切实遵守这些秘诀，3 个月后她一定会变成全校最美丽的姑娘。

于是这女孩听了老工友的话，全心全力地去实践这些秘诀。没有多久，她果然成为全校同学中最受欢迎，最有人缘，最乐于相处的人了！

由此可见微笑是一道令人心动的风景，微笑后面蕴含着坚实的无可比拟的力量，那是一种对生活巨大的热忱和信心，一种直面人生的成熟与智慧。

倾听的习惯会使你受益匪浅

如果你想成为一名好的对话者，那么，首先应该做一名善于倾听别人讲话的人，千万不要忘记，静静地倾听别人讲话，这是一种美德。

就人的本性来说，我们每一个人当然最为关心的是自己。每一个人都喜欢讲述自己的事情，希望找到一位忠实的听众。

在社会交往中，学会听别人讲话，和自己讲话一样重要，如果你想做一个受人欢迎的人，那么先不妨从做一个善于倾听别人谈话的人开始。在美国内战最紧张的时候，林肯度过了一段极为烦恼的时期。

在他心情不好的时候，他想找一位朋友来谈心，于是写信给在伊里诺斯居住的一位老朋友，请他到华盛顿来商讨一些问题。

这位老朋友到白宫来拜访他，林肯感到非常高兴，林肯兴致一来，竟然与之谈了数小时关于解放黑奴的问题。数小时以后，林肯与他的老朋友握手互道晚安，送他回伊里诺斯。

在整个谈话过程中，林肯并没有征求老朋友的意见，所有的话都是林肯在说，而他的老朋友则没说什么，只是一直在倾听，陪着林肯度过了这么长的时间，好像是为了舒畅林肯的心情而来的。

后来，这位老朋友对林肯说："谈话之后，你似乎稍感安适。你当时并未要求我提出建议，所以我只能充当一位友善的、同情的静听者，使你得以发泄苦闷，而事实证明，我的做法是正确的。"林肯对此非常满意，以后他们之间的友谊更加深厚了。

可见，倾听对于一个需要倾诉的人来说，是至关重要的，不要忽略了静听的魅力。

在现实生活中我们经常看到这样一些事实：有些商店的地址选在非常繁华的

街道上，出售的商品也非常丰富，但是由于店员不善于倾听顾客的意见，经常不礼貌地打断顾客的讲话，所以常常惹得“上帝”发火，从而不再光顾这家商店。如果在你的身边也发生过类似的问题，不妨借鉴一下乌托的经验。

乌托从商店买了一套衣服，很快他就失望了，衣服褪色，把他的衬衣的领子染上了乌七八糟的颜色。

他拿着这件衣服来到商店，找到卖这件衣服的售货员，向他说了事情的经过。他只是想说说事情的经过，可没想到，售货员总是打断他的话。

售货员声明说：“我们卖了几千套这样的衣服，你是第一个找上门来抱怨衣服质量不好的人。”他的语气似乎在说：“你在撒谎，你想诬赖我们，等我给你厉害看看。”

就在双方吵得正凶的时候，第二个售货员走了进来，说：“所有深色礼服开始穿时都会褪色。一点办法都没有。特别是这种价钱的衣服，这种衣服是染过的。”

乌托先生叙述这件事时强调说：“当时我差点气得跳起来，第一个售货员怀疑我是否诚实；第二个售货员说我买的是二等品，我气死了。

我准备对他说：你们把这件衣服收下，随便扔到什么地方，见鬼去吧。”

正在这时，这个商店的部门负责人来了。他很内行，他的做法改变了我的情绪，使一个被激怒的顾客变成了满意的顾客。这位部门的负责人先是一句话也没讲，听乌托先生把话讲完。

然后，又听那两位营业员把话讲完，当那两个售货员又开始陈述他们的观点时，他开始反驳他们，替乌托先生说话。

他不仅指出乌托先生的领子确实是因衣服褪色而弄脏的，而且还强调说商店不应当出售使顾客不满意的商品。

后来，他承认他不知道这套衣服为什么出毛病，并直接对乌托先生说：“你想怎么处理？我一定遵照你说的办。”

后来，乌托先生不但没有把这件可恶的衣服扔给他们，反而高高兴兴地离开了商店。

每一位经受过困难的人都需要别人真心地听他讲话。

每一位被激怒的顾客、被解聘的职员都有一肚子委屈需要向人诉说。

如果你想成为一名好的对话者，那么，首先应该做一名善于倾听别人讲话的人，千万不要忘记，静静地倾听别人讲话，这是一种美德。

良好的运动习惯可以增加你的能量

人有两种类型的能量。一个是身体上的能量，一个是心理上和精神上的能量。身体忍受的训练强度愈大，心理和精神上的耐力也就愈强。

田径教练沃尔夫是美国卓越的教练之一，在他的指导下，有几位中学生已经打破了全国预备学校的田径记录。

他是怎样训练这些新星的呢？沃尔夫有一个双重规定。他教学生要同时增强他们的心理和身体素质。

“如果你相信你能做到什么，在大多数情况下，你就能做到。”沃尔夫说。

你有两种类型的能量。一个是身体上的能量，另一个是心理上和精神上的能量。后者比前者要重要得多，因为在必要的时候，你能从你的下意识心理中吸取巨大的能量。

例如，人们在紧张情绪的驱使下，能使自己的体力和耐力达到在正常情况下决不能达到的程度。曾经发生过一次汽车事故，丈夫被扣在翻了的汽车下面动弹不得。他的娇小脆弱的妻子在紧急时刻，竭力抬起了汽车，将丈夫救了出来。一个神经错乱的人，当他发狂时，也能够具有他在正常情况下所绝不可能有的力量。

班尼斯特在给《运动画报》所写的一系列文章中谈到，他用心理训练和身体训练相结合的方法进行锻炼，因而于 1954 年 5 月 6 日第一次打破了 4 分钟跑 1 英里的世界纪录，实现了体育界长期以来的梦想。他用好几个月的时间进行心理控制训练，使它适应这个信念：“这个成绩是可以达到的。”有些人认为 4 分钟跑 1 英里是这个项目的极限，要突破它是不可能的。班尼斯特认为它是一个大门，一旦通过了它，就会为自己及其他一英里长跑运动员打通取得新成就的道路。

当然，他是对的。班尼斯特引了路。在 4 年多的时间里，继他首先打破 4 分钟 1 英里的记录之后，他和其他的长跑运动员又先后 40 多次打破了这个记录。

仅 1958 年 8 月 6 日在爱尔兰都伯灵的一次比赛中，就有 5 位长跑运动员以不到 4 分钟的时间跑完了 1 英里！

教给班尼斯特创造这个奇迹的人是伊利诺斯大学身体适应实验室主任库里顿博士。库里顿博士发展了关于身体能量水平的革命的观念。他说，这种观念可以应用于运动员，也可以应用于非运动员。它能使长跑运动员跑得更快，使普通人活得更久。

“没有‘为什么’的理由，”库里顿博士说，“任何人在 50 岁时都不能像在 20 岁时那样适应环境——除非他懂得如何训练他的身体。”

库里顿博士的理论体系基于两个原则：

训练全身。

把你自己推进到耐力的极限，并随着每一次的练习而扩大极限。

库里顿博士给欧洲运动明星检查身体时，同班尼斯特成了熟人。他注意到班尼斯特身体的某些部位惊人地发达。例如，就身体的大小说来，他的心脏比常人大 25%。但是，班尼斯特身体的另一些部分的发育就不及一般人了。班尼斯特接受了库里顿博士的忠告：要锻炼身体的各个部分。他学到了通过爬山去训练他的心理，培养他克服困难的意志。

与此同等重要的事是：他学会了把一个大目标分解为若干小目标。班尼斯特推论：一个人跑 1 个 1/4 英里比他连续跑 4 个 1/4 英里要快些，所以他训练自己要分开想到 1 英里中的 4 个 1/4。他在训练中先是冲刺第 1 个 1/4 英里，然后就绕着跑道慢跑，作为休息。接着他再冲刺第二个 1/4 英里。他的目标是以 58 秒钟或更少的时间跑完 1/4 英里。58 秒 ×4=232 秒，或 3 分 52 秒。他总是跑到极限点。而每次，他都在加大训练极限。终于他用 3 分 59 秒 6 的成绩打破了 1 英里长跑的世界纪录。

库里顿博士领导班尼斯特说：“身体忍受的训练强度愈大，心理和精神上的耐力也就愈强。”

但是他又强调说：休息同锻炼一样重要。身体只有通过刻苦锻炼才能健壮。体力、活力、能量就是这样发展的。身体和心理两者的休息过程也是恢复体力和精力的过程。如果你不让身体有一个休息的机会，它就可能受到严重的损害甚至死亡。

善于放松的习惯会驱逐你的疲劳

休息就是修补。在短短的一点休息时间里，就能有很强的修补能力。哪怕只打 5 分钟的盹，也有助于防止疲劳。

为什么要讲如何防止疲劳的问题呢？很简单，因为疲劳容易使人产生忧虑，或者至少会使你较容易忧虑。疲劳同样会减低你对忧虑和恐惧等等感觉的抵抗力，所以防止疲劳也就可以防止忧虑。

拿破仑・希尔认为："任何一种精神和情绪上的紧张状态，完全放松之后就不可能再存在了。"这就是说，如果你能放松紧张情绪，就不可能再继续忧虑下去。

所以要防止疲劳和忧虑，首先要做到：常常休息，在你感到疲倦以前就休息。

这一点为何重要呢？因为疲劳增加的速度快得出奇。美国陆军曾经用几次实验，证明即使是年轻人，如果不带背包，每一小时休息 10 分钟，他们行军的速度就加快，也更持久，所以陆军强迫他们这样做。

一个人的心脏每天压出来流过你全身的血液，足够装满一节火车上装油的车厢；每 24 小时所供应出来的能量，也足够用铲子把 20 吨的煤铲上一个 3 尺高的平台所需的能量。你的心脏能完成这么多令人难以相信的工作量，而且持续 50、70 甚至可能 90 年之久。你的心脏怎么能够受的了呢？哈佛医院的华特・坎农博士解释说："绝大多数的人都认为，人的心脏整天不停地在跳动着。事实上，在每一次收缩之后，它有完全静止的一段时间。当心脏按正常速度每分钟跳动 70 下的时候，一天 24 小时里，实际的工作时间只有 9 小时。也就是说，心脏每天休息了整整 15 个小时。"

在二次大战期间，丘吉尔已经 60 多岁了，却能够每天工作 16 小时，一年一年地指挥英国作战，实在是一件很了不起的事情。他的秘诀在哪里？他每天早晨在床上工作到 11 点，看报告、口述命令、打电话，甚至在床上举行很重要的会议。

吃过午饭后，再上床去睡 1 个小时。到了晚上，在 8 点吃晚饭以前，他再上床去睡 2 个钟头。他并不是要消除疲劳，因为他根本不必去消除，他事先就防止了。因为他经常休息，所以可以很有精神地一直工作到半夜之后。

约翰·洛克菲勒也创了两项惊人的记录：他赚到了当时全世界为数最多的财富，也活到 98 岁。他如何做到这两点呢？最主要的原因当然是，他家里的人都很长寿，另外一个原因是，他养成了休息的习惯，他每天在办公室里睡半小时午觉。他会躺在办公室的大沙发上——在睡午觉的时候，哪怕是美国总统打来的电话，他都不接。

在一本名叫《为什么要疲倦》的书里，丹尼尔·何西林说："休息并不是绝对什么事都不做，休息就是修补。"在短短的一点休息时间里，就能有很强的修补能力，即使只打 5 分钟的瞌睡，也有助于防止疲劳。

第3章

培养好习惯，改造坏习惯

良好的习惯并非天生，而是后天养成

良好的习惯是人生中重要的“链环”，它将伴随我们的理想之舟驶向彼岸，随我们在人生之路上驰骋！

我们的自我意象和习惯是结合在一起的。其中一方改变了，另一方也会自动地改变。“习惯”（habit）一词原来是一件衣服或一块布。我们现在还说 riding habit（骑马服）和 habiliments（服装），这反映出习惯的真正本质。我们的习惯完全就是个性的外衣，它们不是偶然的或偶发的。我们的习惯就像衣服一样合身。它们同我们的自我意象，同我们整个的个性模式相一致。我们有意识地、谨慎地培养新的好习惯时，自我意象就容易不适应旧的习惯，需要换上新的“款式”。

可以说习惯仅仅是我们养成的一种自动进行而不需要“思考”或“决定”的反应，是由我们的创造性机制来执行的。

我们的表现、感觉和反应足有 95% 是习惯性的。钢琴家用不着“决定”该触哪一个琴键。舞蹈家用不着“决定”脚往什么地方移。他们的反应是自动的，不假思索的。同样，我们的态度、情感和信念也容易变成习惯性的。过去我们“学到”：特定的态度、感觉和思维方式是与特定的环境“相适应”的。现在，只要面临我们所认为是“同样的环境”，我们往往按照同样的方式来思考、感觉和行动。

我们应该理解的是，这些习惯与癖好不同，只要费费心思作个决定，再练习或“形成”新的反应或行为，习惯就能修正、改变，甚至完全扭转。钢琴家要加以选择的话，可以有意识地决定按另一个琴键，舞蹈家可以有意识地“决定”学会一个新的舞步——而且没有什么苦恼。完全学会新的行为模式需要的是不停地注意和不停地练习。

你穿鞋时，习惯上不是先穿右脚就是先穿左脚。你系鞋带时，习惯上不是把右手的鞋带从左手的鞋背后绕过来，就是反着绕。明天早晨，你想好要先穿哪只鞋、怎样系鞋带，然后，你有意识地下决心在 21 天里形成一个新的习惯，先穿另一只鞋、相反的方向系鞋带。每天早晨以特定的方式穿鞋系鞋带，用这种简单的举动提醒自己；在这一整天里都要改变其他的习惯性思考、感觉与行为。在系鞋带时对自己说，“今天我以一种新的、更好的方式开始”。然后，一整天内都有意识地下这样的决心：

我要尽量精神愉快。

我对别人的感觉和行为要友善一些。

我对别人及其错误、失败和过失要少苛求，多容忍。要尽可能从最好的角度来解释他们的行动。

我要尽可能地表现得对成功有把握，觉得自己就是我所希望的个性。我要练习在“行动”和“感觉”上都像是这个新的个性。

我不让自己的观念给事实蒙上一层悲观或消极的色彩。

我要练习每天至少微笑 3 次。

不论发生什么情况，我的反应要尽可能地冷静和有理智。

对于无力改变的那些悲观的和否定的“事实”，我将完全不予理睬，拒之于头脑之外。

对上述行为坚持练习 21 天，“体验”这些步骤，看一看忧虑、负罪感或者敌意是否会消失，看一看信心是否会增强。

当然良好的习惯并非一朝一夕就能养成的。我们要制订一个切实可行的计划。计划一定要切合实际，既不过高，又不过低，也不追求十全十美。然后从制订计划的第一天起就开始实施。万事开头难，只要我们有了良好的开端，并不断地激励自己坚持下去，就会养成守时、勤奋、讲卫生、善于克服困难的好习惯。这种好习惯将使我们受益终生。

养成良好的习惯还需要我们下定决心，克服自身的惰性。心理学家通过研究发现，男女老幼各行各业的人们都易受到惰性的影响。四五岁的小孩也会像成人那样说：“妈妈，我不想干。”许多人由于缺乏良好的习惯而惰性大，在学业、事业等方面一无所成。克服惰性要求我们严格要求自己，战胜自己，不给自己寻找开脱的理由，相信自己经过坚持不懈的努力，一定能够达到成功的彼岸。

英国前首相玛格丽特·撒切尔是世界上著名的“铁娘子”、女强人。她曾经这样说：“有时事务太忙，我也可能感到吃不消，但生活的秘诀实际上在于把 90% 的生活变成习惯，这样你就可以习惯成自然了。毕竟你想都不用想就去刷牙，这是习惯。”

有道是：“播种思想，收获行动，播种行动，收获习惯。”只要你善于培养自己，良好的习惯就会属于你；只要你拥有良好的习惯，美好的人生就属于你！

要成功就必须改变坏习惯

改变坏习惯需要打开精神上的小屋，扔掉那些妨碍你获得成功的因素，直到心灵上的污垢得以清除。

成功对我们每个人来说，也许是一种可望而不可即的事情，你也承认不是别人和环境，而是你自己的所作所为使你不能获得成功。你将不再安于生活的现状，也不再指望一些奇迹的产生。

你已明确，正是你自己必须去干些什么，以便抓住获得成功的机遇。你必须改变自己的行为方式，而这种改变也是一种挑战，你必须放弃习惯了的一些东西，而去经受一些你所陌生的东西。汤姆·纳斯克博士和兰迪·里德博士指出：

人们经受的许多心灵和精神上的痛苦，就如同把自己的手放在火中烤的感受一样。火烤得你极为痛苦，使你只想把手拿开。但令人奇怪的是，人们常常把手伸进情绪的火焰中烧烤却不能把手抽回来。如果你感到疼这意味着你还应做些什么。你的疼痛可能是你的最强有力的工具。

改变是艰难的。当我们被要求除去那些我们所熟悉的思想和感情时，我们都会本能地加以抗拒，尽管我们也承认自己身上那些习惯是有害的。

改变不可能很快实现，它必须是一个渐进的过程。如果我们试图在一夜之间变得成功，我们将只会再一次面临失败。改造我们自己（以及那些妨碍我们成功的事物）是我们值得庆贺的第一个成功。

你记得春日里的大扫除吗？你母亲和祖母面临着清扫一个又大又旧房子的艰巨任务。这些太太们很会安排自己的时间。她们不是无计划地随意地扯下窗帘，或者倾倒杂物以及移动地板上的桌子，而是一个房间一个房间的打扫。她们煞费苦心地仔细查了所有家产，扔掉那些磨损坏了不必再要的东西，移动家具，擦净脚踏板，给地板打蜡，清洗窗帘。

你也可以采取这同样的做法。打开你精神上的小屋，扔掉那些妨碍你获得成功的因素，直到你心灵上的污垢得以全部清除，做好了迎接成功的准备。让我们不要再等待，从现在就开始着手“清扫”。

（1）克服因循守旧

因循守旧是你必须克服的第一个障碍。不要指望未来某个不确切的时候“情况将会好转”，而将就着过日子。请相信我，那些转机将永远不会有。事物有一个可悲的趋势，那就是它们永远不会自我转变。靠一个精神上的“延期计划”过活，总是期待和希望，这是无益的，将永远不会把你带到某一个目的地。你可以检测一下，看是否常常对自己说：

我希望一切都将朝最有利的方面转变。

我愿自己能在这件或那件事上做些什么。

你承认正用这些想法在自己周围建立封锁线吗？你意识到“希望”和“祝愿”这两个词实际上使得你什么也不干吗？坐等不会给你带来什么，事实上，你的惰性可能引起了一种情感上的麻痹，使你不能做出一些重要的决定。

要对你自己说“我已经明白”，并且动手干起来。除非你去促成事物的转变，否则，未来的情况将是依然如故。

的确，要干，就需付出代价和担当风险，你的努力也可能会遭到失败；如果你避免干任何事情，你也可免遭风险和失败。但是，结果会怎样呢？你避免可能的失败，同时也就避免了可能的成功。

要找出你身上因循守旧的原因，可试着问自己：

过多地依赖那些朋友吗？过于沉湎已厌倦的职业吗？过于依靠那些对我厌烦的亲戚吗？或者主要食物的健体祛病功能。歌中说道：

拒绝做任何对自己也许是一种挑战的事情吗？例如控制饮食，戒烟，或者选修一门大学的课程。

推迟做那些费力的或令人厌烦的事情吗？如清扫房间，候车，修剪草坪，或者写信。

计划着一些令人激动的事情，但从来不实行这些计划吗？例如去休假，或者观光旅游等。

一旦面临困难的任务或者某个将使自己处于危险境地的场合时，便立即变得忧心忡忡吗？

（2）学会奖励自己

一个简单的奖励可以使你免于拖延。尤其是在你遇到一项很艰难的工作时，更需要如此。一开始，你要给这个工作一份难度评价。对一个艰难的工作所给的难度分数要比容易的工作的难度分数更多。假如难度超出了你的标准很多，就必须给予更多一点分数，然后再决定你所要的奖励。

在坚持完成一次严格的节食运动计划后，看场电影，晚一点儿睡，都是很好的奖励。这份奖励可能很简单而且很便宜。但它对你一定要很有意义。在工作进度表上，用符号标出你的进度，让你继续保持工作的热度，尽量试试一切可行的不同的奖励方式。一定要找出一种可以帮助你停止拖延的方法，很快地你就会体验到一种成功的乐趣。

但一定别忘了两件事，只有在你应得时，才能奖励自己。当你赢得了这种奖励，就要接受它。只有你坚持不懈地去做，这种奖励方法才会有用。

当你消除你的行为中一些没用的习惯时，这种奖励方式就会特别有效。

改造不良习惯的5大步骤

与我们的本质相比，我们只不过清醒了一半。我们只运用了身体和精神上的一小部分资源，未开发的地方还很多。我们有许多能力，都被习惯性地糟蹋了。

在创造新习惯，尤其是面对改变时，有些重要的原则我们要先说明：

第一，没有人能改变你，除非你自己愿意改变。你也没有办法改变任何一个人，除非他们自己愿意。

第二，习惯不是完全的根除，而是被取代，而且累积的时间愈久，愈有机会被替代。

第三，每日都要做新习惯的检讨与记录，如果做到，可以给自己一些奖赏。

第四，要试着远离原先旧习惯的不良环境，避免被引诱。

第五，得到家人或好友的支持，让他们的鼓励与拥抱成为你改变的最大动力。

好了，这些原则如果能确立，我们就可以来看看改变习惯、创新习惯的步骤要领有哪些？

（1）先找出你的不良习惯

如果人生有许多梦想要实现，而自忖还有一大段距离，那么，就要去想，到底哪些不良习惯影响了我，阻碍了我？如果不找出来，自然就看不到改变的方向。这些不良的习惯都是我们“选择”而来的。我们不经意地选择，也不经意地选择了我们的命运。一个想要致富的人，一个想要在 30 岁存 100 万的人，他必须要警觉他的消费习惯，他的欲望是否大于收入，如果没有预算的观念，如果没有记账的习惯，不了解自己的消费重心，终生大概都是追着钱过日子。

（2）了解促成你不良习惯的根源

你是在何时、何地、用什么方式学到，并培养这些不良习惯的？是周围的人吗？还是所处的环境？要继续顺应下去？还是试着驾驭你的思维，让自己从习惯的蛹茧中挣脱？住在市场旁边购买东西方便，很自然消费的频率就会增加。而对于一个想要减肥的人，就怕遇到无聊的时候，一旦无聊，只好躺在沙发上看电视打发时间。光看电视不过瘾，又从食物柜中找出一堆零食。于是这种恶性循环一直下去……如果体重过重，我们一定要知道造成我们肥胖的原因是什么？饮食？体质？运动不够？知道了，才能够对症下药。

（3）列出新习惯取代旧习惯的好处

重赏之下必有勇夫，如果不知道改善之后会有完全不同的生活，他为什么要去改变呢？例如一个人会重新得到自尊，不会走在路上都抬不起头来。会有更健康的身体，让他更能享受人生。能够和谐地与家人相处，可以游遍全世界，可以让财务更稳定，不会为贷款而烦恼。

（4）向犯错与失败的借口说再见

一旦不小心又落入旧习惯时，要警觉，但不必太自责，要告诉自己，我可以自己发现，而不让习惯来操纵我，下一次我一定可以做到。有时候，未改变的旧习惯，就像盘丝洞里的蜘蛛精，在引诱你上当，试着动摇你的决心。只要定力够，毅力足，你仍然会立即修正回到习惯的正轨。

（5）建立新习惯的对话与行动机制

如果你想戒烟，就要坐在非吸烟区，要住非吸烟的客房。如果想减肥，就要每日为卡路里及体重做记录。如果你想要储蓄 100 万，就要试着将它分割成小的目标。这样，你可以很明白地知道这个月要赚多少钱，或是要省下多少钱。重复仍是习惯改变最重要的关键，有人说要 21 天，有的人说要 30 天，甚至有些行为学家说要更久的时间。

要建立一种人与习惯对话的机制，早晨也好，下班前也好，或是在家闲暇的时间都是与习惯对话的好时机。把习惯当成一个好朋友，你可以和它聊天，当有一天你可以和好习惯和平共处时，当有一天好习惯能为你工作时，成功的诞生就在眼前了。

每个人都应当具备的好习惯

作为普通人，距离高效能人士并非十万八千里，我们每个人都能拥有 7 个高效能的习惯，所以每个人都能成为高效能人士。

史蒂芬·柯维认为，要想拥有高效能习惯，跻入高效能人士之列，应该从培养以下 7 个细节习惯做起：

①学习；②创新；③节约；④感恩；⑤负责；⑥尊重；⑦幽默。

史蒂芬·柯维说："我希望这 7 个习惯，小孩子能通过父母及学校的教育形成；大人能通过自律、自我要求而改善自己。大家习惯好，社会才会好；社会好，大家才能安居乐业。"

（1）学习习惯

学习的渠道是多样化的，学校的学习、社会资源的学习、企管顾问公司的课程、企业的内部训练、自我阅读、大自然的领悟、参加读书会等都是。

学习的产生有些是随机的，有些是有目的的。而有目的的学习，知道自己要的是什么，就很容易节选资讯，它节省了我们的时间，且容易立竿见影。

设定目标是梦想达成的关键，而学习也需要设定年度目标。

①每天保留一小时的阅读时间

有位美国心理学家说："一个人的成就，决定在每天晚上 8 点到 10 点做什么。"很多人在 KTV、在逛街或应酬，有更多的人可能在看电视，陪孩子在房内打游戏机。把电视机关掉吧，与孩子一起看看书，因为"电视儿童"往往来自"电视父母"，而爱看书的孩子也来自爱看书的父母

②学习请做记录

人有个超级电脑——大脑，可是并不代表它可以无限地提取，尤其年纪愈

大会发现记忆愈糟。许多人上了一天的课，不到一星期，脑袋里所剩的恐怕不到30%。史蒂芬・柯维一直有保持记录的习惯，因此笔记簿就有四五十本，大多数都有分类。只要他觉得是自己喜欢的题材，可能是一句话或一则故事，就会把它记下来。

③在天地间自修

唯有离开内心制式的学习，离开攀附，在大自然间领悟与创造，才会随时创造学习的新机。

（2）创新习惯

史蒂芬・柯维说：创新的习惯，是现代人必备的素质，他建议从以下几方面开发自己的创新习惯。

①培养观察力

史蒂芬・柯维认为观察力是创新能力的基础，威廉・詹姆士曾说："天才只不过是以非习惯性的方式，去理解事物的能力罢了。"

有了观察，才有联想。

有了观察，才会引发研究兴趣。

有了观察，才有天马行空的想象。

勇敢地去发现吧！请准备一个空白的名片盒，每天一定要完成像"我发现……"的一句话，然后把每一个新鲜的想法储存起来，你会发现除了知识的增加以外，你生活和工作的能力也提升了。

②旅行

每年要先做好旅行的规划，每个月要有让心灵放松的时间，从工作的囚牢中逃出去呼吸新鲜空气、脚踏绿茵，也许只是一个不同的环境，就像一个新的咖啡馆，一家个性商店，会对你的旧问题产生新思考！

③试着走不同的路

你每天先穿上衣还是先穿裤子呢？你每天是用哪一只手刷牙呢？你每天是开车还是坐车上班呢？学习换一种方式生活，换一种方式到达办公室，有助于你养成创新的习惯。

（3）节约习惯

史蒂芬・柯维说："放弃与节制的生活是改变人心最好最有效的方法；放弃

得愈多时，束缚就愈少，觉得自由就愈大。自己愈能节制，性情、脾气、耐心都会愈好。

这里谈的节制，并不是一定要归隐山林，完全舍弃物质文明的生活，而是要学习控制自己的欲望。如能不为外物所迷恋，天地也自然变得无限宽大。

①控制自己的情绪

一个人会不会赚钱要靠智商，一个人能不能成为有钱人绝对要靠情商。很多人很聪明，十分有赚钱的头脑，但常常无法克制自己的冲动与情绪，往往赚得愈多，花得愈多。很多从事业务工作的人，突然这个月接到一件大任务，有很高的佣金，但更可能在这个月放纵自己，花了许多不该花的钱。

因此一个人的财务状况，包括收支都要有计划，当购买欲望升起时，要能立即判断，这东西是一定要的吗？现在是最好的购买时机吗？这里是最好的购买地点吗？这个月已超过我信用卡所设定的消费额度了吗？非必要的消费品愈晚买愈好，除非有折扣或其他优惠，要不然宁可克制一些。

②善用你所有的

善用时间，就是节约时间，善用资产，就能创造收入。简单地说，要节约，“物尽其用”是一个很重要的习惯。

除非功能已经没有办法满足生活的需要，否则你应该是把手机用到坏才换新的。

赚一块钱是赚一块钱，但是省一块钱也是赚一块钱，如果赚钱让你快乐的话，其实省钱的快乐应该不亚于赚钱！

（4）感恩习惯

史蒂芬·柯维指出：要感恩，知足是一个重要的开始。不懂得满足的人，是不会想到别人的帮助的。

因为感恩，每天都是值得庆祝的。因为感恩，所以人间日日是好日。重复感恩的念头，你真的会觉得富有竟是如此容易。

①每天写下今天要感谢的人

这真的是一个最有效与直接的方法，一方面可以美化自己的心灵；另一方面可以协助自己的孩子对人表达感激。

②持续关心这个社会

你是如何关心你所生活的社会的？现在，你应该付出行动了！相信，所有助人的恩泽，有一天都会回馈到自己身上的。

（5）负责习惯

做父亲的有父亲的责任，做老师有老师的责任，做员工有做员工的责任，做民意代表有做民意代表的责任，只要是人类，他的存在就一定有意义，并且有责任。而人们之所以会无所事事，之所以浑噩度日，皆因为他忘了自己身上的责任，他忘了上苍除了赐予我们生命之外，另给了我们内在无限的能力。

①诚实是负责的开始

诚实面对自己，才是真正地为自己的人生负责任，也因为能够面对自己，才有勇气诚实地面对他人。

②今日事，今日毕

每个人的人生都是用无数的今日累积出来的。30个今日成为月，365个今日成为年，我们要为每一个今日负责任。

要坚持今日事，今日毕，不要拖到明天，不要找借口，不要怪罪他人。同样，今月事，今月毕，今年事也一定今年毕。

③把每件事都尽力做好

很多年轻人都会想，在公司里3年以后我可能会升到什么职位，而5年以后又会升到什么职位。他往往忘了如何把事做好，不劳主管、老板费神担忧。

你做人做事很让老板放心，你的绩效得到老板赏识，一旦老板高升了，他一定第一个想到你，因为你是一个值得信任的人。

（6）尊重习惯

人们渴望受重视，渴望被肯定，不论是与家人相处或谈恋爱。即使在办公室里，也没有办法忍受长期的被忽略，如果你希望得到别人的尊重，便必须去学习尊重别人。

那么，我们应如何将“尊重”存入我们的习惯呢？

①降低你的主观偏见

降低你的主观偏见，别人才愿意与你合作，别人才愿意与你沟通，才愿意与你分享讯息。多听听别人的想法，不要太快做结论。想想对方所说的内容中，有哪些是有道理的，哪些是不完整的。不急于全盘否定，你还是可以吸收到许多宝贵的答案。

②每天至少主动关心一个人

史蒂芬·柯维说：“这个世界不是缺乏温暖，而是缺乏关心。”

主动关心不只是对家人，对自己的同事、部属更可以表达关心，让他们感觉到你的尊重。

（7）幽默习惯

有幽默感的人有福寿，因为他们往往也具备了乐观的特质，尤其是对于所处的不幸能一笑置之。如果你有机会看到电视上访问一些百岁老人时，就会发现，他们无论是好是坏，笑容总是挂在嘴上，烦恼总是被远远抛在后面。

幽默与快乐有时是可以不受外在环境影响的，只要你愿意，快乐可以随时在你的身旁出现。

如果你仔细看，所有的报纸大概都会刊载几则笑话。

把你觉得好笑的笑话剪下或记下来吧，否则你会有“笑话用时方恨少”的窘境。接下来你可以发挥想象力，试着去制造笑话，如果你可以随时发现生活中笑话的存在，“培养幽默感”大概就快大功告成了。

让你的坏习惯先你而死

史蒂芬·柯维分析说，习惯只是我们培养的一种不需要“思考”与“决定”的自动反应，就像钢琴家按琴键、舞蹈家移动舞步不需要经过“思考”与“决定”一样，他们的反应是自动自发的。

每当你要培养良好的习性，只要不断地演练就可以；如果你不想养成一种习惯，只要你下定决心不去做，而把精神集中在养成另外一种习惯上就行了。常识与经验告诉我们：人能培养懒惰、奢侈、虚伪等坏习惯，也能培养勤奋、节俭、诚实等好习惯——只要你愿意，纯洁无邪、洁身自好就可以；但若想要有美德就非克服丑恶不可。

所谓恶习犹如自掘坟墓，虽说嫖赌饮可以带来暂时的欢乐和陶醉；但如果染上这些不良的嗜好，久而久之终会变成恶习的奴隶，不仅人格受损，有时更会倾家荡产，抱憾终生。

为什么没有人愿意承认自己的恶习呢？因为他还不能抛开它。

为什么他还不能抛开它？因为习惯，没有人能够顺手把它扔出窗外。

几乎所有的人都深深地了解，要打破坏习惯，并不简单，那是十分困难的。不过，困难又怎么样呢？这并不是避免打破坏习惯的理由啊！——你总不能让坏习惯像蜘蛛网一样把你捆缚着，扼杀你一生呀！

所以说，要做，立刻去做！

比方说，抽烟是一种坏习惯，要戒，立刻戒掉！

在麦克斯威尔·梅尔兹博士的《人性的开拓》一书中，读到一位老农戒烟的故事，给史蒂芬·柯维很大的启示。大意是说：有一位老农要到田里去工作，走着走着，他发觉把香烟忘在家里，就折回去拿香烟。半路上，他觉得自己正卑贱地被一个坏习惯役使着，想着想着，他生气万分，于是，他回过头，走到田里工作去了，就这样把烟永久戒掉了。

多么美好的想法！运用自己的头脑，判断自己的行为，信赖自己此时此刻所做的决定。以自己的方式制造自己的幸福！

很多人希望改善自己，但是却缺少改善的正确观念。要有效地改变恶习与行为，必须伴随着深切的感觉与热烈的意愿。像那老农戒烟一样，只要产生足够的热情，你的新信念就能把旧的错误观念驱逐出境，且能将你变成新的另一个人。

史蒂芬·柯维告诫世人：人只能活一次。让坏习惯先你而死吧！

世事洞明人情练达

我们在待人处世上心中都要有一把尺子，过与不及都不好。当你为了成就绚丽的人生，就需要许多合理的妥协，便是上文中所说的“圆”；当然我们不能违背良心、违背道德，以及违背自己的原则，这就是“方”。若你不学会如何以“圆”

处世，往往会让你在人生的道路上碰得焦头烂额；而不适当的以“方”立世，你就容易被人牵着鼻子走。

当然，即使你是一个圆融处事的人，你也不可能事事都得到每个人的理解和赞许。不过重要的是你要认清自己的价值，在得不到理解和赞许时也无须感到沮丧。你要视反对意见为本来就有的现象，因为生活在这个世界上的每一个人都对世事有自己的看法，这样便不会因别人的误解而失意。机器运转需要加润滑剂，搞好人际关系有时也需加润滑剂。“糊涂”，就是人生中极好的润滑剂。人生不如意之事十之八九，凡事都不会尽如人意，若能不事事计较，让自己“难得糊涂”一下，那么你的人生将会更加自在而快乐。八面玲珑之人要让自己变成一个很体贴的人，一定要懂得如何帮对方维持面子。换句话说，你要会替对方所犯的错误找借口、找台阶下。这种技巧很重要，对从商的人来说尤是，如果应用得好，必定有助于增进人际关系的和谐。有时候，激烈的争论可能会使人一时丧失理智，甚至大动干戈。到了这一步双方免不了成为终生的敌人。因此即使你确定对方是错的，也不必硬是要掀对方的底，这样做只是徒增敌人罢了，并不能使你更受欢迎。做一个八面玲珑的人并不是指处处迎合别人，而是要懂得针对每一个人的个性对症下药，对恶人有对恶人的方式，对好人有对好人的方式。盲目的奉承不但会使自己痛苦，而且事情也不见得如你想象的顺利。那么，你该怎么做才能真正成为一个快乐又处处受人欢迎的人呢？下面为你介绍几则技巧，让你不用在人际关系上跌跌撞撞，待人处世的功力将会呈倍数增加。社会就像一张网，纵横交错结成这张网的，就是复杂的人际关系。唯有能驾驭人与人之间的各种关系，才能享受这张网所带来的便利。当良好的人际关系成为个人无形资产的时候，不仅能搭起通往成功的桥梁，更有助于拥有幸福的人生。

与人来往的过程中免不了会遇到这样的人物：当面奉承你，转过身去却对你嗤之以鼻；为了取得你的喝彩，事先就先给你掌声；为了取得你的“庇护”，他整天低声下气地围着你打转；对你心怀不满，但当着面总是笑脸迎人，背后却到处搬弄是非……这类人物有着两张面孔和双重人格，要与这样的人打交道，你必然会感到艰难。

面对人际关系，我们都会期待比较单纯的交往关系，然而当你一旦遇上了诸如圆滑、世故、两面人、放冷箭之类的“暗礁”，又怎么可能立即当场撕破脸和对方绝交呢？所以，仅仅对这类人士感到厌恶并且努力回避是绝对不够的，你应该要学会八面玲珑之计。

那些比较圆滑、世故的人，甚至包括那些吹牛拍马、两种面孔的人，都是一些善于保护自己的人。其实善于保护自己并不是什么错，问题是把自己之外的人全都变成了防范、算计的对象，所采用的自我保护手段又违背了真诚友善、坦诚相见的原则，就会使自我保护变成了损害正常交往关系的行为。面对这种情形如果直接、不留余地地回绝，只会把关系搞得更加复杂化，自然伤害了既有的人际关系。事实上，面对这样的人、这样的行为，要把不正当的行为与行为当事人区别开来，凡事对事不对人。对其行为要“厌”、要“恶”，但对其人要“尊”、要“爱”，这是处理复杂人际关系时的重要原则。只有这么做你才能保持八面玲珑的人际关系，否则将会使自己陷入“孤家寡人”的境地。俗话说，君子坦荡荡，小人常戚戚。强者，是为自己的目标而活着；只有弱者，才为周围的议论所左右。对于小人背后搬弄是非的不道德行为，不能迁就，但行之有效的办法，是尊重对方，以朋友式的态度，进行善意的规劝；同时，巧妙地引导对方获得正确的做人的方法。但如果对方搬弄是非恶习已成为性格特征，那就干脆不加理睬，“走自己的路，让别人去说吧！”千万不可一听到搬弄是非的话，就立即去找人对质。这样会使大家都很难堪，而且解决不了根本问题。

更不要一时性急，去找那人“算账”，打起来那就更难堪。这样也会使大家把你和他等同起来，看成没涵养的人。千万不要用“以德报怨”的心态去面对小人，固然立意良好，但反而让恶人有恃无恐。真正会处世的人其实都有一个好习惯，他们会坚持一定的原则，绝不会一相情愿地认为凡事以德对待一定可以得到对方的善意响应。

革除旧习：新生命的开始

在人生中已经失败的人和已经成功的人之间，一个很重要的不同之处，在于他们不同的习惯。良好的习惯，是一切成功的钥匙。坏的习惯，是通向失败的敞开的门。因此，要遵守的第一个法则就是：要养成良好的习惯，全力去实行。小孩子的时候，会为感情而冲动，常常是不计后果，其后果可想而知，因此要获得好结果，就要全力遵守习惯。在你一生过去的行为当中，你的行动受俗念、情感、偏见、贪婪、恐惧、环境、习惯所支配，而这些暴君里，最坏的就是习惯。因此，如果决定要全心全力服从习惯的话，一定要全心全力服从良好的习惯。必须将坏习惯全部摧毁，准备在新的田畦，播下新的种子。

戴尔·卡耐基认为，最好是大声告诉自己，我要养成良好的习惯，全力去实行。

那么，如何去完成这个艰难的伟大事业呢？就是革除生活上的坏习惯，换一个带你走向成功之路的好习惯。因为，只有一种习惯才能抑制另一种习惯。

成功学家曼狄诺曾道出了一项培养好习惯的心理暗示，你要对你自己说：

“今天是我新生命的开始。我要脱去我的老皮，因为它早就受尽了失败的创伤。

“今天我又一次再生，葡萄乐园是我的出生地，这里的水果大家都可以品尝。

“今天我要在这葡萄园里，从那枝最高而结果最多的葡萄藤上，摘下智慧的葡萄。因为，这些葡萄是我这个职业里最贤德的人，一代一代种植下来的。

“今天我要尝一尝这些葡萄的滋味，还要吞下每一粒成功的种子，使新生命在我心里萌芽成长。

“我所选择的这个行业，充满机运，没有悲伤和失望。而那些已经失败的人，如果将他们一个个地叠起来，会比地面上的金字塔还高。

“但是，我像另外一批人一样，不会失败。因为我的手里握有航海图，指示我游过波涛汹涌的海洋，到达彼岸。过去的，只是一场梦罢了。

“失败不再是我奋斗的代价。失败像痛苦一样，不适合我的生活。过去我曾接受它，那是因为我需要痛苦。现在我拒绝它，这是因为我有了智慧和原则，指引我走出阴暗，进入富庶、幸福和远超过我梦想的康庄大道。在那里，金苹果园里的金苹果也不过是给我的一点点报酬而已。

“人要能长生不老，就可以学到一切，但我不能永生。所以，在我有生之年，我必须练习忍耐的功夫。因为，造物主做起事来，从来不是匆匆忙忙的。创造橄榄树——一切树木之王——需要100年。一个洋葱10个星期就长成了。我曾像一个洋葱一样地活着，我很不高兴。现在，我要成为最了不起的橄榄树。实际上，我要成为一名成功人士（应具体一点，例如演讲家、科学家等）。”

这种习惯有什么用呢？这里面隐藏着人类本能的秘诀。当每天重复念这些话的时候，它们很快就会成为精神活动的一部分。而最重要的是，它们会溜进心灵，变成奇妙的源泉，永不停止，创造幻境，并使你做出难以理解的事情。

当话语被奇妙的心灵完全吸收的时候，每天早晨，你便开始带着以前从来没有过的一种活力醒过来。你的元气将会增加，你的热忱将会升高，你迎接世界的欲望将会克服一切恐惧，你将会比你想象中的更快乐。

你会发现自己已有了应付一切情况的方法。不久，这些方法就能运用自如。因为，任何方法只要练习，就会熟能生巧，难的也变成容易的了。

你一旦喜欢去做，就愿意时常去做，这是人的天性。当你时常去做的时候，它就成了你的一种习惯，你也就成为它的奴仆。因为它是一种好习惯，也就是你的意愿。

你要郑重地对自己宣誓说，没有人能够阻碍你的新生命的成长。实际上，每天在这新的习惯上花费几分钟，对将要属于你的那种快乐和成功来说，只是付出微小的一点代价而已。

智慧的葡萄被挤压到一个装着酒的瓶子里，葡萄皮和渣抛给了鸟吃。许多没有用的东西，已经过滤出来，随风飘逝。只有纯粹的真理，提炼在将来的话语之中。

今天，你的老皮已经变得如尘埃逝去。你要在众人中昂首阔步，不管他们认不认识你。因为，今天你是一个有新生命的新人。

不断运用这些心理暗示，就能培养良好的习惯，消除坏习惯。

摆脱不良习惯的影子

坏习惯就像我们的影子，与我们寸步不离；要想改变那影子，必须先改变我们自己的意志。

人是有习惯的。所谓习惯就是习以为常的行为定势，如吃饭、穿衣、思维、对人对事等的一定程序。就如同一张纸，一旦以某种方式折起来，下一次它还会按照相同的折线被折起；衣服、手套等会因为使用者的使用，而形成某些褶痕，这些褶痕一旦形成，就会永远存在。人的习惯也是这样，它因为重复而形成，一旦形成就会如衣服或手套的褶皱一样难以改变。习惯是后天习得的，并由重复或练习而巩固下来，在你有意识、无意识时都会自动地轻而易举地表现出来。

众所周知，自我克制是成功不可或缺的因素，也是成功人士坚强意志力的体现。而自我克制的重要训练方式就是在自己的日常生活中随时“修行”。只有在日常生活中养成好习惯，克制坏习惯，才有可能在事业上成功。因为习惯往往决定一个人的品质，习惯可以成为你仁慈的主人，也可以成为你残忍的暴君；它既可成为你美德的源泉，也常是恶行的终极原因；习惯往往是成功的坚实基础，却也常常是为失败设置的陷阱；良好的习惯能使我们走上成功之路，而不良习惯却使我们只能走向失败——甚至毁灭的深渊。

你不相信习惯的力量吗？那么你看看下面这个故事。

一个穷人机缘巧合地得到了一本从亚历山大帝国图书馆中流失出的书。打开一看，在这本书里藏着一样非常有趣的东西———张薄薄的羊皮纸，上面写着点铁成金的秘密。讲的是有一块小圆石头能把任何普通金属变成纯金。羊皮纸上记载着：这块奇石在黑海岸边可以找到，它与千千万万的石头在外观上没有两样，找到它的唯一方法是靠触觉——普通石头摸起来是凉的，它却是温的。于是这个穷人变卖了所有的家当，带着简单的行囊，露宿黑海岸边，开始摸石头，为了避免重复摸石头，他每捡一块石头就丢到海里去，就这样一天天一年年地过去了，他仍然坚持着。突然有一天，他捡到一块石头是温的，他竟然习惯地把它扔到了大海里。因为这个动作太根深蒂固了，以至于当他梦寐以求的宝贝出现时，他竟麻木不仁，无所知觉，而经由习惯，下意识地把它扔掉，从而使多年的等待与梦想成为泡影。

习惯不都是起积极作用的，习惯又分为好习惯与坏习惯，好习惯当然是成功的功臣，而坏习惯则常常是失败的罪魁祸首。正是因为习惯在不经意间作用于我们生活的点点滴滴，所以坏习惯往往会成为成功的绊脚石——尤其对于意志不坚强的人，坏习惯往往会成为一个残酷的暴君，强迫人们违背他们的意志。

不良的习惯会使你失去“幸运”，使你对机遇视而不见，阻碍你开发自己的潜能，它甚至会使你精神紧张乃至崩溃。

有一位大公司的高级主管，常常觉得自己充满了紧张、焦虑和闷闷不乐，他知道自己状态不佳，却又无法停下来，于是向心理医生求助。心理医生帮他找到了原因，原来他老有一种“没有止境，做不完又必须做”的感觉，而这又归功于他做事拖拉的坏习惯。这位高级主管有两间办公室，三张办公桌，到处堆满了有待处理的东西——他常常由于一时的惰性，而把报告等留到“待会再处理”。这样他的办公桌上不久就堆满了待复信件、报告、备忘录等。更为严重的是，一个时常担忧万事待办却又无暇办理的人，不仅会感到紧张劳累，而且会引发高血压、心脏病和胃溃疡。

其实有办事拖拉这种坏习惯的人很多，他们惯用的口头禅是：“好，放在那里，我一会来办。”结果过了好长时间，他就会觉得要办的事太多了，从而紧张、烦忧。这样的人怎么能成功地成为富翁？他们缺的是顽强的毅力——改掉坏习惯的意志力。

解决的办法是克制自己的惰性，养成“现在就干”的好习惯。在接受心理医生的咨询后，那位高级主管请医生去他办公室参观。令医生吃惊的是，他改变了——当然桌子也变了，他打开抽屉，里面没有任何待办文件。“6个星期以前，我有两间办公室，三张办公桌。”这位主管说道，“到处堆满了有待处理的东西。直到跟你谈过之后，我一回来就清除了一货车的报告和旧文件。现在，我只留下一张办公桌，文件一来便处理妥当，不会再有堆积如山的待办文件让我紧张忧烦。更奇怪的是，我已不药自愈，再不觉得身体有什么毛病了。”

与意志薄弱，爱向自己的坏习惯如不守时、爱浪费、好赌等投降不一样，真正的成功人士深知一点点坏习惯就很容易把人从成功的神坛上拉下来，因而时时注意。

下面是“习惯”的一段自白：“我不是你的影子，但我与你亲密无间。成功和失败，对我毫无差异。培训我，我会为你赢得世界。放纵我，我会毁掉你终生。”谁都不愿毁掉终生，尤其是渴求成功并为之奋斗的人们，坏习惯是快乐的死敌，是成功的死敌。日积月累，很多坏习惯就会深入你的潜意识中，要想成功，就必须有信心，有力量去改变它。

因此，你必须有一面心镜，照照自己，看有哪些习惯使你不能享受美好人生？哪些习惯使你陷入困境而不能成功？

第4章

从学习开始，改变命运

先学，才能适应

人，哪怕是最简单的一个动作都得靠学，否则就会无法生存下去。

很久很久以前，有弟兄两人，各置办了一些货物，出门去做买卖。他们来到一个国家，这个国家的人都不穿衣服，称作“裸人国”。

弟弟说：“这儿与我国的风俗习惯完全不同，要想在这儿做好买卖，实在不易啊！不过俗话说：入乡随俗。只要我们小心谨慎，讲话谦虚，照着他们的风俗习惯办事，想必问题不大。”哥哥却说：“无论到什么地方，礼义不可不讲，德行不可不求。难道我们也光着身子与他们往来吗？这可太伤风败俗了。”弟弟说：“古代不少贤人，虽然形体上有变化，但行为却十分正直。所谓'殒身不陨行'。这也是戒律所允许的。”

于是弟弟先进入了裸人国。过了十来天，弟弟派人来告诉哥哥，一定得按当地风俗习惯，才能办得成事。哥哥生气了，不做人，要照着畜生的样子行事，这难道是君子应该做的吗？我绝不能像弟弟那样做。

裸人国的风俗，每月初一、十五的晚上，大家用麻油擦头，用白土在身上画上各种图案，戴上各种装饰品，敲击着石头，男男女女手拉着手，唱歌跳舞。弟弟也学着他们的样子，与他们一起欢歌曼舞。裸人国的人们无论是国王，还是普通百姓都十分喜欢弟弟，相互关系非常融洽。国王把他带去的货物全都买下来了，付给他 10 倍的价钱。

而他的哥哥来了之后，满口仁义道德，指责裸人国的人这也不对，那也不好。引起国王及人民的愤怒，大家抓住了他，狠揍了一顿，全部财物都被抢走了。全亏了弟弟说情才把他救了出来。

世上没有最好，只有更好，对一个人更是如此，具体情况具体处理，不要一味追求完美，否则会弄巧成拙。

世界建筑大师格罗培斯设计的迪士尼乐园马上就要对外开放了，然而各景点之间的路该怎样连接还没有具体方案。格罗培斯心里十分焦躁。巴黎的庆典一结束，他就让司机驾车带他去地中海海滨。

汽车在法国南部的乡间公路上奔驰，这里漫山遍野到处都是当地农民的葡萄园。当他们的车子拐入一个小山谷时，发现那儿停着许多车子。原来这是一个无人看守葡萄园，你只要在路边的箱子里投入 5 法郎，就可以摘一篮葡萄上路。据说，这是当地一位老太太的葡萄园，她因无力料理而想出这个办法。谁知在这绵延上百里的葡萄产区，总是她的葡萄最先卖完。这种给人自由，任其选择的做法使大师深受启发。

回到住地，他给施工部拍了一份电报："撒上草种，提前开放。"

迪士尼乐园提前开放的半年里，草地被踩出了许多条小道，这些踩出来的小道有宽有窄，优雅自然。第二年，格罗塔斯让人按这些踩出来的痕迹铺设了人行道。1971 年在伦敦国际园林建筑艺术研讨会上，迪士尼乐园的路径设计被评为世界最佳设计。

有什么样的环境，做出什么样的选择，自然就会有不一样的结果。学习也是一样，只有因地制宜，你的学习才是最适合于你自己的，也是最成功的。

举一反三，触类旁通

不要低估自己，星星之火，可以燎原，没有平凡就无所谓伟大。

从老远老远的地方，飞来一只燕子。它飞过大海，飞过江河，飞过千山万岭，来到一块田边歇脚。

一只蜗牛爬过来，伸起长长的脖子，抬起头，吸着嘴，委屈地对燕子说：“燕子姐姐，人家都说我走路慢吞吞的；可是，我一个早上就爬过一条长长的田埂。你看，路上那光闪闪的银液，就是我留下的记号呀！”

“也难怪人家说你呢”燕子笑了笑，“究竟你比谁快，你想过吗？”

“这个，……我倒真没想过。”蜗牛说。

“啊！”燕子说，“那你就好好想一想，看一看，比一比。”说完就要飞走。

蜗牛叫住燕子，要它再歇一会儿。燕子说：“不能再歇了，今天我还要赶500 多里路哩。”

蜗牛历来习惯于爬行，认为爬行前进已经够理想了。听了燕子的话，它愕然了，伸出长长的脖子，使劲地点头，决心要像燕子那样飞向远方……

成为幽默的人必须要富有渊博的知识。虽然不必对任何问题都像学者那样研究得很透，但起码应知道些“皮毛”。

只有知识和见闻极其丰富，才能通达事理，分析透彻，居高临下，入木三分。语言表达上还要做到纵横捭阖，运用自如，妙语连珠，诙谐动人。

懂得越多，你与别人交谈时可谈的话题就愈多。一个懂得交际的人，要能够见人说人话，见鬼说鬼话。

也就是要懂得交谈对手的兴趣所在，这样双方才能谈得来，谈得比较投机。而这些都要有广博的知识做后盾。

知识可分两种。一种是与幽默表面上没有直接关系的，上至天文，下到地理，国家大事，世界风云，文史哲经等等全都属此类。它们虽然暂与幽默关系不大，但是它们能够潜移默化地培养你的素质、修养，为你的谈吐增辉。另一种是幽默的趣事、小笑话、动作、漫画等。

多积累这些素材，反复记忆，并加以改造，变成适合于你的“内力”，那么到时幽默就会如泉水一般汩汩涌来。

学如逆水行舟，不进则退

对书籍不感兴趣，或是“忙得没工夫看书”的人，终会被时代的洪流所淘汰。

汽车大王福特年少时，曾在一家机械商店当店员，周薪只有 2.05 美元，但他却每周都要花 2.03 来买机械方面的书。当他结婚时，除了一大堆五花八门的机械杂志和书籍，其他值钱的东西一无所有。就是这些书籍，使福特向他向往已久的机械世界迈进，开创出一番大事业。功成名就之后，福特曾说道：“对年轻人而言，学习将来赚钱所必需的知识与技能，远比蓄财来得重要。”

事实已经证明，受过最成功教育的人，往往是自学成功者或自我教育的人。让人有学问见识的，不光是学位，教育包含的也不只有知识，还有更重要的——运用知识得法和持久的问题。而教育不足，对个人的成长是不利的。发表过《进化论》的达尔文就说过：“我的学问最有价值的全是自己苦读学来的。”

对我们有价值的，并不是在学校念过书的事实，而是求学的态度。

不学无术的人，即使活着，也只是行尸走肉罢了！

宋代学者任末 14 岁时并没有固定的老师，他背着书箱，不怕路途遥远和险阻，到处寻师求学。他常说：“人如果不学习，怎能有所成就呢？”有时，他在树林里，搭个小茅屋住下，白天削树枝作笔，汲树汁当墨写作；晚上，他就在星月的辉映下读书；遇到没有月亮的黑夜，他便点燃蒿草之类照亮。读书如有心得，就写在衣服上，以免忘掉。学生们钦佩他的勤学精神，都愿用洁净的衣服换取他写满了字的旧衣服。

好学不倦的人，虽死犹生。学，可以立志；学可以成才。

留下财富不如留下知识

财富是宝贵的。但比财富更宝贵的是知识。

清末封疆大吏左宗棠告老还乡，在长沙大兴土木，为子孙后代留下豪华府第。他总是怕工匠偷工减料，便亲自拄着拐杖到工地督工，这儿摸摸，那儿敲敲。有位老工匠看他如此不放心，就说：“大人，放心吧。我活了这么一大把年纪，在长沙城里造了不知多少府第。在我手上造的府第，从来没有倒塌过，但屋主易人却是常有的事。”左宗棠听言，不觉满面羞愧，叹息而去。

同为名臣，林则徐在对待儿孙的问题上就要开明得多。他曾说：“子孙若如我，要钱干什么？贤而多财，则损其志；子孙不若我，要钱做什么？愚而多财，益增其过。”为子女留下财富，不如留下更多的知识，后代不一定能保留住财富，但须用知识去创造财富。

世界上到处是蠢人。却无一人自认为蠢。最大的蠢人就是视他人为蠢人却自认不蠢的人。

从前，有个专门会刁难人的财主。一天，他拿空瓶叫隔壁一个穷人家小孩帮他买酒。小孩问：“没钱怎么能买酒啊？”可他却说：“花钱买酒谁不会，没钱买酒才算真本事哩！”

过了一会儿，小孩回来了，把酒瓶递给财主说：“酒打来了，请喝吧。”财主一看，是个空瓶子，便问：“一滴酒也没有，叫我喝什么呀？”小孩不紧不慢地说：“有酒谁不会喝，没酒喝出来才是真本事哩！”

学习也一样，只有学了真知识才有了真本事，只有把知识“倒”出来，“喝”出来，你的真知识才成为了真本事。

工欲善其事，必先利其器

“工欲善其事，必先利其器。”从事任何工作，都必须讲究方法。方法好，器利，才能事半功倍。

法国著名生理学家贝尔纳说：“良好的方法能够使我们更好地发挥天赋的才能，而拙劣的方法则可能阻碍才能的发挥。”恩格斯也指出，方法正确，可以“免得走无穷无尽的弯路，并节省在错误方向下浪费掉的无法计算的时间和劳动”。可见正确的方法在一个人成才的道路上该有多么重要。

善积成诗

宋代大诗人梅尧臣。此人满腹锦绣、出口成诗。有人对他才华横溢的诗才感到惊讶，便留心观察他的“秘诀”何在？后来发现他无论走路。吃饭，还是游玩，手里常常拿着一支笔，时而在一张小纸条上写几下，尔后就把小纸条装进一个布口袋中。待有人打开他那市口袋细看时，嗬！上面写的全都是一联、半联的诗句，原来梅尧臣的秘诀就在于“积”。

秋叶成书

元末明初人陶宗仪是江苏松江的一位乡村教师。《明史》上说他教学之暇，亲躬耕耘，小憩的时候，每每把自己的治学心得和诗作、见闻写到伸手摘下的树叶上，然后把它们放进一口瓮里，满了，就埋在树下。10 年过去了，装满树叶的瓮有了几十个。一天，他让学生们把那些瓮都挖出来，再将叶子上的文字加以抄录整理成书，这就是我们今天尚可看到的长达 30 卷的《辍耕录》。

避短扬长

程砚秋年轻时身材木错，中年后发胖了。这时他给自己提出的练功目标是：一要继续保持自己身体的灵活；二设计更优美的舞姿，使发胖的身体得到遮盖。他很讲究使自己的转身加快速度，讲究以正面对观众的时间尽量缩短，而把侧面对观众的时间拉长。这样，较胖的身体就被他“遮盖”过去，人们往往把他看作是个身段优美的旦角。

化短为长

周信芳的嗓子，青年时并不带哑，后来变得带哑了。在这种情况下，练功可以起到一定的好转作用，但唱圆可能，唱润难办。于是他就把功夫放到唱得清晰有力、声情并茂上，终于成了一代名伶。

了不起的“理想实验”

亚里士多德认为：“推一个物体的力不再去推它时，原来运动的物体便归于静止。”1000多年后，这个似是而非的权威论断却引起了伽利略的怀疑，他想：有人推着小车走，如果他突然停止推车，小车还会朝前走一段，如果路面平滑，小车还会走得更远些。想到这里，伽利略设想：如果毫无摩擦，小车会永远运动下去。可是这样的实验是不可能实现的，而只能在头脑中完成。然而正是这种“理想实验”奠定了牛顿力学的第一定律：任何物体，只要没有外力作用，便会永远保持静止或匀速直线运动的状态。爱因斯坦也是一位利用“理想实验”的能手。

一竿子插到底

劳伦斯（1901—1958）物理学家。美国南科他州人。1937年获诺贝尔物理奖。他是世界上第一个回旋加速器的发明者，研制第一颗原子弹的领导者之一，也是将放射性同位素应用于医学和工业上的先驱。劳伦斯有一个突出的特点：凡事都爱刨根究底。

幼年的劳伦斯有一双蓝色的大眼睛，总是不停地眨动思索着，或是全神贯注地倾听别人谈话。他寻根究底的问话，常常使他的父母不知所措，无言以对。这不，他又盯住了壁炉上的一盒火柴。

“妈妈！那是什么？”他路起脚尖想把那盒神秘的东西拿到手。

“放下！”妈妈一把夺了下来，随手放到围裙的口袋里，“那是火柴，点火用的。”

“妈妈，火是什么？”

“火吗……就是亮的热的，你看，就像壁炉里的一样。”说完，妈妈又到厨房忙碌去了。

“火是亮的热的。那么，电灯也是亮的热的，那也是火；太阳也是亮的热的，也是火。”劳伦斯自言自语地说着，随手拿起一根木柴，在火上点着了。他想，木柴可以点着，那其他东西能不能点着呢？对！先试试我的衣服。他边想边点着了自己的衣服，看着衣服烧着了，他脸上露出了得意的神色。但无情的火并没有只让他试试就完了，继续噼噼啪啪地烧了起来。劳伦斯慌了，大声哭喊起来。妈妈从厨房赶来，撕下了他身上正在燃烧的衣服，熄灭了火焰，才免除了一场灾难。为此，劳伦斯的嘴角留下了一块伤疤，成为永久的纪念。这是劳伦斯两岁生日的前一周发生的事。

英国乔治王子给他祖母维多利亚女王写了封信——

昨天我看到一只漂亮的木马，我想买，但没有钱，您肯给我一英镑吗？

维多利亚回了封信——

你真会花钱，把钱都花在玩具上。这样不好。应该知道各种东西的价值。

小乔治回了封信——

非常感谢您！我把您的信卖给出版社，得了两英镑。您看，我现在已经知道事物的价值了。

知识的价值在于运用它，如果不用，知识只不过是一堆废物。

有为先有识

“识”为先已成为一认识事物的真理。任何巨大的成就实现之前必然有人去用“识”刻画它。

物理学家亨利柏克瑞发现铀的盐类能够发出一种性质不明的射线。得知这个消息，居里夫人带着探险家般的心情，投入了精确测量放射作用的战斗。她对全部已知的化学物质一一进行实验，发现钍也有放射性。接着，进一步跟踪追击，又一个奇特的现象使她大吃一惊：铀沥青矿的放射性程度，竟比计算出的数字大得多！反常的现象引起了居里夫人加倍注意。经过反复验证，她做出了如下的结论：此种矿物中一定含有某种比铀与钍的放射性还要强得多的新元素！

看准了，就抓住它。问题的重要性，使居里先生也感到非放下手头的工作同夫人一起攻关不可了。于是，一场艰难困苦的战斗在一间条件极差的棚屋里展开了。翻倒矿石，搅拌冶锅，搬运器皿，倾倒溶液，居里夫人把自己的全部精力都投入到捕捉镭的工作上。

镭，好难捕捉的镭啊！你终于被勤奋的居里夫妇抓到了。然而，假若这两位科学家没有见识的话，岂不等于是没长眼睛的猎手！认识不到放射性研究将是打开核物理大门的金钥匙，认识不到放射性呈现异常现象，即说明这里将大有可为，就不会下那么大的决心，搞它个水落石出了。

没有光的世界是不可怕的，没有智慧的世界将是什么样的呢？一切一切都离不开它！

地点：某高等学府化学实验室。

人物：导师和三位博士研究生。

道具：试管及人尿。

导师举起试管，微笑。

“诸位，试管里是尿，人尿。科学的探索需要一种勇敢无畏的精神。诸位，请先看我品尝尿液，然后照我的样子去做。”

导师尝尿。

条件反射。三位博士生已面色极苦。

试管在博士生手中传递。

品尝、品尝、再品尝。

博士生表情痛苦无比。

试管传回讲台。

导师举起试管。笑容可掬。

诸位很勇敢，精神的确可嘉。但是我要指出的是，科学探索一要勇敢，二要反对盲从。而且，眼睛应是思想的窗户，刚才诸位忽略了本人品尝中的一个重要细节。本人是将中指伸入试管，而放入嘴中品尝的却是食指……

那些被忽略的细节中发现了学问，那么你就可能成为一个智者。请学会用“慧”眼打量你的周围吧。

业精于专

专，指的是用心专一。只有用心专一，才能干一行，精一行。

大科学家牛顿的衣服常常是不合时宜的；居里夫人结婚时有人要送她一件礼服，她坚持要一件深颜色的，而不要颜色鲜艳的，为的是可以穿着它到实验室工作；爱因斯坦从不讲究衣着，他喜欢的是斯宾诺莎的名言："要是袋子比其中的肉更好，那可是一件糟糕的事"；李四光有个绰号叫"破裤子教授"。在生活上考虑多了，在事业上考虑就少了：有志者都懂得这个浅显的道理。

牛顿结识了一位年轻的姑娘，并且向她求了婚。有一次，他们外出散步，牛顿含情脉脉地拉着姑娘的手。可是，他的思想却不由自主地想起了他正在研究着的疑难问题。像做梦似的，他下意识地把对方的手指当作通烟斗的通条，直往他的烟斗里塞，这位姑娘疼得大叫不已，莫名其妙地看着牛顿。牛顿这才醒悟过来，痛心地向姑娘道歉说。"啊。亲爱的，饶恕我吧！我知道，这事不行了。看来，我是该一辈子打光棍"。

尽管姑娘原谅了牛顿，但是却不能理解他，爱情终究成了泡影。科学上许多新的问题不断涌向牛顿的脑海，他整个身心都集中在科学事业上，所以终身未娶。

爱因斯坦有一种奇妙的自我隔绝的本领。在家里他常左手抱着孩子，右手做着计算，孩子的啼哭声和他哄孩子的声音仿佛属于另一个世界。在他自己的那个世界里，唯有的声音是分子。原子、光量子、空间、时间、以太。

有人问著名指挥家托斯卡尼尼的儿子；"你父亲认为一生中最大的成就是什么？"回答说："在我父亲眼中没有所谓最大的成就，只要他正在做什么，那就是他最重要的事，不论他是在指挥乐队还是在剥一只橘子。"不难看出，全神贯注是他成功的秘诀。

学无止境

年轻时，究竟懂得多少并不重要，只要懂得学习，就会获得足够的知识。

许多人以为，学习只是青少年时代的事情，只有学校才是学习的场所，自己已经是成年人，并且早已走向社会了，因而再没有必要进行学习，除非为了取得文凭。

剑桥大学的一位专家指出："这种看法乍一看似乎很有道理，其实是不对的。在学校里自然要学习，难道走出校门就不必再学了吗？学校里学的那些东西就已经够用了吗？"

其实，学校里学的东西是十分有限的。工作中、生活中需要的相当多的知识和技能，课本上都没有，老师也没有教给我们，这些东西完全要靠我们在实践中边学边摸索。

可以说，如果我们不继续学习，我们就无法取得生活和工作需要的知识，无法使自己适应急速变化的时代，我们不仅不能搞好本职工作，反而有被时代淘汰的危险。

有些人走出学校投身社会后，往往不再重视学习，似乎头脑里面装下的东西已经够多了，再学会胀破脑袋。

殊不知，学校里学到的只是一些基础知识，数量也十分有限，离实际需要还差得很远。

特别是在科学技术飞速发展的今天，我们只有以更大的热情，如饥似渴地学习、学习、再学习，才能使自己丰富和深刻起来，才能不断地提高自己的整体素质，以便更好地投身到工作和事业中。

根据剑桥大学的一项调查，半数的劳工技能在 1~5 年内就会变得一无所用，而以前这段技能的淘汰期是 7~14 年。特别是在工程界，毕业后还能派上用场的不足 1/4。

因此，知识学习已变成随时随地地必要选择。

“用学习创造利润，”——这已被管理学界和企业界公认为当今和未来“赢”的策略。

尺有所短，寸有所长，即使是圣人也有短处，但明智之人一旦知道自己特长何在，便善加以运用，使其掩盖了自己的短处。

孔子乘着一辆马车周游列国。一天，他来到一个地方，见有个孩子用泥土围了一座城，坐在里面玩耍。

“你看见马车过来为什么不躲开呀？”孔子问孩子。

“从古至今，只有车子躲开城，哪有城躲车子的道理？”

孔子愣了一下，走下马车，问道：“你叫什么名字啊？”

“我叫项橐。”

“你的嘴很厉害，我想考考你什么山上没有石头？什么水里没有鱼儿？什么车没有轮子？……”

“您老人家听着——土山上没有石头；井水中没有鱼儿；用人抬的轿子没有轮子……”孔子一连提了十几个问题，都难不住孩子。

“现在轮到我来考您了……鹅和鸭为什么能浮在水面上？鸿雁和仙鹤为什么善于鸣叫？……”

“鹅和鸭能浮在水面上，是因为脚是方的；鸿雁和仙鹤善于鸣叫，是因为它们的脖子长……”

“不对！鱼鳖能浮在水面上，难道也是因为它们的脚是方的吗？青蛙善于鸣叫，它们的脖子长吗？……”

孔子佩服这孩子知识渊博，连自己也辩不过他，只好拱手连声说：“后生可畏！后生可畏！”说完，孔子就驾着车绕道走了。

学习是你改变自己的关键所在。只有学了，你才懂得运用，也才会用知识。用学习改变自己的一生。

戒骄戒躁有方

一位中学老师讲过这样一段故事：有一个学生曾性格内向，后来他借着玩足球而变得开朗起来。原来，这位同学的家庭环境很差，缺课又多，当然成绩不会进步，因而使得他非常自卑。他上学常常迟到，放学后也常常流连于校园里，而后才拖着蹒跚的步伐回家。有一天，一位体育老师在校园里碰见他说："看到你无所事事，你过来跟着我练球好啦！"老师说着，马上把球投过去。从此以后，这个少年就热衷于足球运动，接着他也恢复了爽朗性格。

从上述的例子里，我们发现在体育活动或学习过程中，隐藏着不可思议的力量，能使人从不安或失意中稳定下来。因为在体育活动或学习过程中，存在着固定的规则和惯例，而且，其目标很具体而又清晰地摆在眼前。这种行为无关将来能否有成绩，成绩能否进步，或能否获得信赖抽象之物，所以精神容易集中，散乱的心思也容易归一。

例如学习射箭也有一个具体的目标。如想射中中间的红心，就必须聚精会神于一点上。同样地，任何竞技活动，它们眼前都摆着一个具体的目标或敌人。在书法、舞蹈里，也有具体的形象范例，那些学习小提琴的孩童，他们上课之后，也立刻能发挥惊人的集中力，因为他们就要登台表演了。

如果你和自己都不能好好相处的话，还能期望别人什么呢？

很多人都害怕孤独。他们不知道自我独处的好处，所以犯了极大的错误——认定自己绝对不能孤单。他们每一次尽量让自己避免孤单的时候，都让自己再度感受到恐惧的侵袭。恐惧什么呢？就像有人说的，"我一个人的时候，简直觉得自己一无可取。"

许多人都有同样的恐惧。也许你喜欢和一些朋友聚在一起，在电话中聊上半天，或偶尔探问人家的私事，或在别人忙的时候坚持要去看他。或在团体里太注意自己，好像怕别人会看漏了你或忘记你似的。你可能会要求别人帮你做一点小事，以确定别人真的喜欢你。很多人都这么做，结果却愈来愈不喜欢自己，别人也觉得他不成熟。无法自处，往往使你显得有点幼稚。

如果你能享受独处的时刻，那么你找朋友的意图将完全出之于真心，而非软弱。你打电话给朋友约他吃晚饭，只因为你想看他，而不是因为你无法忍受一个人单独吃饭。你的朋友会觉得你真心地喜欢他、看重他，而不是只想依赖他。你将变得更可爱——对那些想找个真心朋友，而不是找个比他更脆弱的朋友的人而言。

练习一个人自处。如果你已经习惯和别人一起的话，刚开始打破这个习惯可能会使你觉得不舒服。如果你觉得不愉快的话，就探测自己的感觉。你为什么一直盼望电话铃响呢？你是否担心自己和某人的关系？你是不是厌烦自己？如果这样的话，你可以找点事做做——以克服独处时的恐惧。但不要觉得独处的时候，一定得做点有“建设性”的事情，才能掩饰单独一人的怪异行为。

如果你愿意给自己一点机会——譬如一个月里找一两个下午独处，你将更能享受独处的乐趣。

学会接受现实

正如杨柳承受风雨，水适于一切容器一样，我们也要承受一切不可逆转的事实。

人生之路充满了许多未知未卜的因素，这些因素大致可以分为两类，一类是可变的，我们可以通过自身的努力，或改变一定的条件而使之转化；另一类是无法改变的。

无论我们付出何种努力，也无法改变这一不可避免的事实。

因此，当我们面对后者时，就得认定事实，做出积极乐观的反应，这才是一种可取的态度。

小时候的一天，我和几个朋友一起在北密苏里州一间荒芜的老木屋里的阁楼上玩耍。

当我从阁楼爬下来的时候，先在窗栏上站了一会儿，然后往下跳。我左手的食指上带着一个戒指。

当我跳下的时候，那个戒指钩住了一根钉子，把我的整根手指拉脱了。

几年之前，我在纽约市中心一家办公大楼里遇见一个开运货电梯的人。他的左手齐腕都截断了。

我问他少了那只手是否觉得难过，他说："噢，不会，我根本就不会想到它。只有在穿针的时候，才会想起这件事情来。"

如果有必要，我们差不多都能接受任何一种情况，使自己适应，然后就整个忘了它。

我常常想起刻在荷兰首都阿姆斯特丹一间 15 世纪的古老教堂的废墟上的一行字——"事情是这样，就别无他样。"

在漫长的岁月中，一定会碰到一些令人不快的情况，它们既然是这样，就不可能是别的样子。但我们也可以有所选择，可以把它们当作一种不可避免的情况加以接受，并且适应它，或者用忧虑来毁了我们的生活，甚至最后可能会弄得精神崩溃。

威廉·詹姆斯说过："要乐于承认事情就是这样的。"他说，"能够接受发生的事实，就是能克服随之而来的任何不幸的第一步"。住在俄勒冈州波特南的伊丽莎白·康尼，却经过很多困难才学到这一点。下面是一封她最近写给我的信：

"在美国庆祝陆军在北非获胜的那一天，我接到国防部送来的一封电报，我的侄儿——我最爱的一个人——在战场上失踪了。过了不久，又来了一封电报，说他已经死了。"

"我悲伤得无以复加。在这件悲痛之事发生以前，我一直觉得生命于我多么美好，我有一份自己喜欢的工作，好不容易带大了这个侄儿。在我看来，他代表了年轻人美好的一切。我觉得我以前的努力都得到了很好的回报……然而，我最后收到的竟是两份这样的电报，我的整个世界都粉碎了，觉得再也没有什么值得我活下去。我开始忽视我的工作，忽视我的朋友，我抛开了一切，即冷淡又怨恨。为什么我最爱的侄儿会死？为什么这么个好孩子——还没有开始他的生活——为什么他应该死在战场上？我没有办法接受这个事实。我悲伤过度，决定放弃工作，离开我的家乡，把我自己藏在眼泪和悔恨之中。"

"就在我清理桌子，准备辞职的时候，我突然看到一封已被我忘了的信——一封从我这个已经死了的侄儿那里寄来的信。信是几年前我母亲去世时他写给我的一封信。'当然我们都会想念她的'，那封信上说，'尤其是你。不过我知道你会撑过去的，以你个人对人生的看法，就能让你撑得过去。我永远也不会忘记你教我的那些美丽的真理：不论活在哪里，不论我们分离和多么遥远，我永远都会记得你教我要微笑，要像一个男子汉，承受一切发生的事情。'"

"我把那封信读了一遍又一遍，觉得他似乎就在我的身边，正在和我说话。他好像在对我说：'你为什么不照你教给我的办法去做呢？撑下去，不论发生什么事情，把你个人的悲伤藏在微笑底上，继续过下去。'"

"于是，我又回去工作。我不再对人冷淡无礼。我一再对我自己说：'事情到了这个地步，我没有能力去改变它，不过我能够像他所希望的那样继续活下去。’我把所有的思想和精力都用在工作上，我写信给前方的士兵——给别人的儿子们；晚上，我参加了成人教育班——要培养出新的兴趣，结交新的朋友。我几乎不敢相信发生在我身上的种种变化。我不再为已经永远过去的那些事悲伤，现在我每天的生活里都充满了快乐——就像我的侄儿要我做到的那样。”

伊丽莎·白康尼学到了我们所有人迟早都要学到的东西——我们必须接受和适应那些不可避免的事情。这不是很容易学会的一课，就边那些在位的帝王也要常常提醒他们自己这样做。已故乔治五世在他白金汉宫的房里墙上挂着下面的这句话：“教我不要为月亮哭泣，也不要为过去的事后悔。”叔本华也是说过：“能够顺从，就是你在踏上人生旅途中最重要的一件事。”

很显然，环境本身并不能使我们快乐或不快乐，只有我们对周围环境的反应才能决定我们的感觉。必要时我们都能忍受灾难和悲剧，甚至战胜它们。我们也许会以为我们办不到，但我们内在的力量却坚强得惊人，只要我们肯加以利用，就能帮助我们克服一切。

已故的布什塔·金顿总是说：“人生加诸我的任何事情，我都能接受，只除了一样，就是瞎眼。那是我永远也没有办法忍受的。”然而，在他60多岁的时候，有一天他低头看着地毯，色彩整个模糊，他无法看清楚地毯的花纹。他去找了一个眼科专家，发现了一个不幸的事实：他的视力在减退，有一只眼睛几乎全瞎了，另一只离瞎也为期不远了。他惟一所怕的事情终于发生在他的身上。塔金顿对这种“所有灾难里最可怕的事”有什么反应呢？他是不是觉得“这下完了，我这一辈子到这里就完了”呢？没有，他自己也没有想到他还能觉得非常开心，甚至还能善用他的幽默感。以前，浮动的“黑斑”令他很难过，它们会在他眼前游过，遮断了他的视线，可是现在，当那些最大的黑斑从他眼前晃过的时候，他却会说：“嘿，又是老黑斑爸爸来了，不知道今天这么好的天空，它要到哪里去。”

当塔金顿终于完全失明之后，他说：“我发现我能承受我视力的丧失，就像一个人能承受别的事情一样。要是用5种感官全丧失了，我知道我还能够继续生存在我的思想里，因为我们只有在思想里才能够看，只有在思想里才能够生活，不论我们是不是知道这一点。”

塔金顿为了恢复视力，在一年之内接受了12次手术，为他动手术的是当地的眼科医生。他有没有害怕呢？他知道这都是必要的，他知道他没有办法逃避，所以唯一能够减轻他受苦的办法，就是爽爽快快地去接受它。他拒绝在医院里用私人病房，而住进大病房里，和其他的病人在一起。他试着去使大家开心，而在他必须接受好几次手术——他只尽力让自己去想他是多么的幸运。“多么大啊，”他说，“多么妙啊，现在科学的发展已经达到了这种技巧，能够为人的眼睛这么纤细的东西动手术了。”

一般人如果要忍受12次以上的手术和不见天日的生活，恐怕都会变成神经病了。可是塔金顿说：“我可不愿意把这次经历拿去换一些不开心的事情。”这件事教会他如何接受，这件事使他了解到生命所能带给他的没有一样是他能力所不及而不能忍受的。这件事也使他领悟富尔顿所说的：“瞎眼并不令人难过，难过的是你不能忍受瞎眼。”

要是我们因而退缩，或是加以反抗，为它难过，我们也不可能改变那些不可避免的事实。可是我们可以改变自己，我知道，因为我就试过。

有一次，有拒绝接受我所碰到的一个不可避免的情况，我做了一件傻事，想去反抗它，结果使我失眠好几夜而痛苦不堪。我让我自己想起所有不愿意想的事情，经过一年这样的自我虐待，我终于接受了我早就知道的不可能改变的事实。

我干了20年放牛的工作，但是从来没有看到哪一条母牛因为草地缺水干枯，天气太冷，或是哪条公牛追上了别的母牛而大为光火。动物都能很平静地面对夜晚、暴风雨和饥饿，所以它们从来不会精神崩溃或者是患胃溃疡，它们也从来不会发疯。

我是不是说，在碰到任何挫折的时候，都应该低声下气呢？不是这样子的，那样就成为宿命论者了。不论在哪一种情况下，只要还有一点挽救的机会，我们就要奋斗；可是当普通常识告诉我们，事情是不可避免的——也不可能再有任何转机——那么，为了保持我们的理智，让我们不要“左顾右盼，无事自忧”。

在写这本书的时候，我曾经访问过好几个有名的生意人。给我印象最深刻的是，他们大多数都能接受那些无可避免的事实而过着无忧无虑的生活。如果他们不这样的话，他们就会在过大的压力之下被压垮。下面就是几个很好的例子。

创设了遍及全国的潘尼连锁店的潘尼告诉我："哪怕我所有的钱都赔光了，我也不会忧虑，因为我看不出忧虑可以让我得到什么。我尽我所能地把工作做好，至于结果就要看老天爷了。"

亨利·福特也告诉我一句类似的话："碰到我没办法处理的事情，我就让它们自己去解决。"

当我问克莱斯勒公司的总经理凯勒先生，他如何避免忧虑的时候，他回答说："要是我碰到很棘手的情况，只要想得出办法解决的，我就去做。要是干不成，我就干脆把它忘了。我从来不为未来担心，因为，没有人能够知道未来会发生什么事情，影响未来的因素太多了，也没有人能说出这些影响都从何而来，所以何必为它们担心呢？"如果你说凯勒是个哲学家，他一定会觉得非常困窘，他只是一个很好的生意人。可是他的想法，正和 19 世纪以前，罗马的大哲学家依匹托塔士的理论差不多。"快乐之道无他"，依匹托塔士告诉罗马人，"只有一点，只要是我们的意志力所不及的事情就不要为之忧虑"。

莎拉·班哈特可以算是最懂得怎么去适应那些不可避免的事实的女人了。50 年来，她一直是四大州剧院里独一无二的皇后——是全世界观众最喜爱的一位女演员。后来，她在 71 岁那年破产了——所有的钱都损失了——而她的医生——巴黎的波基教授告诉她必须把腿锯断。因为她在横渡大西洋的时候碰到暴风雨，摔倒在甲板上，使她的腿伤得很重，她染上了静脉炎，腿痉挛，那种剧烈的痛苦，使医生觉得她的腿一定要锯掉。这位医生有点怕把这个消息告诉那个脾气很坏的莎拉。他简直不敢相信，莎拉看了他一阵子，然后很平静地说："如果非这样不可的话，那只好这样了。"这就是命运。

当她被推进手术室的时候，她的儿子站在一边哭，她朝他挥了下手，高高兴兴地说："不要走开，我马上就回来。"

在去手术室的路上，她一直背着她演过的一出戏里的一幕。有人问她这么做是不是为了提起她自己的精神，她说："不是的，是要让医生和护士们高兴，他们受的压力可大得很呢。"手术完成，健康恢复之后，莎拉班·哈特还继续地环游世界，使她的观众又为她痴迷了 7 年。

"当我们不再反抗那些不可避免的事实之后，"爱尔西·迈克密克在《读者文稿》的一篇文章里说，"我们就能节省下精力，创造出一个更丰富生活。"没有人能有足够的情感和精力，既抗拒不可避免的事实，又创造一个新的生活。你只能在这两个中间选择一个。你可以在生活中那些无可避免的暴风雨之下弯下身子，或者你可以因抗拒它们而被摧折。

在这个充满忧虑的世界，今天的人比以往更需要这句话："对必然的事，要轻快地去承受。"

适应胜于盲目积极

人是社会的人，每个人都在特定的社会环境之中生活，环境对人有一定的要求；人对环境也有一定的需要。

社会环境对人有一定的要求条件，人对环境也并非心满意足，这样就需要适应。

适应本身是一个心理学名词，即顺应的意思，其实质是人们为了生存而与环境之间发生的调节活动。由此可见，适应水平直接影响了人的生存，难怪是衡量心理健康的原则之一。

要很好地适应现代社会环境，首先必须了解适应社会环境都有哪些形式，总的来说适应社会环境有两种形式，其一是改造环境，使环境合乎我们的要求，其二是改造我们自己，去适应环境的需要。无论哪种形式，最后都要达到环境与人们自身的和谐一致。

适应社会环境的问题非常广泛，比如在刚从大学毕业到某单位工作的大学生，到了新的环境，接受新的任务，接触新的同事，凡此种种与大学生活都不相同。有的很快适应了环境，工作顺利开展起来；有的则相反，处处感到陌生，置苦闷之中不能自拔。我们自然认为前者社会适应良好，后者较差。

究竟怎样才能很好地适应环境呢？

也就是说必须从实际出发，正确认识客观环境的现实，不逃避现实也不做无根据的幻想，从而把自己置于这个环境之中，了解它、掌握它并进一步改造它。

这就是说从主观上要采取积极态度，不是消极等待，在选择对策时应审时度势，有条件地选择改造环境的条件，无条件地选择改造自身的办法，这样才能既不想入非非，又不自暴自弃，找到最佳方案。

小时我曾看过一篇小说，一人被湍急的河水冲走后，像一片草叶似的顺水而下。这时，那人多么想抓住一样东西呀，哪怕是一根芦苇、一把水草也好。然而四面都是水，他什么也抓不住，心想这一下算没救了，死就死吧。这个念头一出，身上立时没劲了，也没有力气挣扎了，整个身子电要往下沉。正在这时，忽然，他想起去年夏天来这条河边玩时，离这下游不远处的河岸边有一棵老树，是斜着长的，其中有一粗大的树枝正好贴在水面，……一想到这，他心里顿时有了希望。一有了希望，他心也不慌了，力气也出来了，就拼命挣扎坚持，终于游到了那棵老树前。当他拼命拽住那伸向河中的树枝时，谁知那树枝早已枯死了，经他使劲一拽，“咋呼”一声断了……这时，来救他的人也赶到了，他终于被救上了岸。事后他说，要是早知道那是一节枯枝，他根本坚持不到那儿。

原来，死神也是害怕希望的，哪怕这希望只是一节枯枝。

心若在，梦就在。保持住希望，就有成真的一刻。

学习——功到自然成

人的天性大致是差不多的，但是在习惯方面却各有不同，习惯是慢慢养成的，在幼小的时候最容易养成，一旦养成之后，要想改变过来却还不很容易。

清晨早起是一个好习惯，这也要从小时候养成，很多人从小就贪睡懒觉，一遇假日便要睡到日上三竿还高卧不起，平时也是不肯早起，往往蓬头垢面的就往学校跑，结果还是迟到，这样的人长大了之后也常是不知振作，多半不能有什么成就。祖逖闻鸡起舞，那才是志士奋励的榜样。

我们中国人最重礼，因为礼是行为的轨范。礼要从家庭里做起。举一例：为子弟者“出必告，返必面”，这一点点对长辈的起码的礼，我们是否已经每日做到了呢？我看见有些孩子们早晨起来对父母视若无睹，晚上回到家来如入无人之境，遇到长辈常常横眉冷目，不屑搭讪。这样的跋扈乖戾之气如果不早早地纠正过来，将来长大到社会，必将处处引起摩擦不受欢迎。我们不仅对长辈要恭敬有礼，对任何人都应该维持相当的礼貌。

大声讲话，扰及他人的宁静，是一种不好的习惯。我们试检讨一番，在别人读书工作的时候是否有过喧哗的行为？我们要随时随地为别人着想，维持公共的秩序，顾虑他人的利益，不可放纵自己，在公共场所要知道依次排队，不可争先恐后地去乱挤。

时间即生命。我们的生命一分一秒地在消耗着，我们平常不大觉得，细想起来实在值得警惕。我们每天有许多的零碎时间于不知不觉中浪费掉了。我们若能养成一种利用闲暇的习惯，一遇空闲，无论其多么短暂，都利用之做一点有益身心之事，则积少成多终必有成。常听人讲起“消遣”二字，最是要不得，好像是时间太多无法打发的样子，真实人生短促极了，哪里会有多余的时间待人“消遣”？陆放翁有句云，“待饭未来还读书”。我知道有人就经常利用这“待饭未来”的时间读了不少的大书。古人所谓“三上之功”，枕上、马上、厕上，虽不足为训，其用意是在劝人不要浪费光阴。

吃苦耐劳是我们这个民族的标志。古圣先贤总是教训我们要能过得俭朴的生活，所谓“一箪食、一瓢饮”，就是形容生活状态之极端的刻苦，所谓“嚼得菜根”，就是表示一个有志的人之能耐得清寒。恶之恶食，不足为耻，丰衣足食，不足为荣，这在个人之修养上是应有的认识。罗马帝国盛时的一位皇帝，他从小就摒绝一切享受，从来不参观那当时风靡全国的赛车比武之类的娱乐，终成一位严肃的苦修派的哲学家，而且也建立了不朽的事功，这是很值得令人钦佩的。我们中国是发展中国家，所以我们更应该体念艰难，弃绝一切奢侈。尤其是从外国来的奢侈。宜从小就养成俭朴的习惯，更要知道物力维艰，竹头木屑，皆宜爱惜。

第5章

守信、惜时的习惯丰富人生

一秒值万金

全世界的目光只会聚焦在第一名的身上。冠军才是真正的成功者！

在非洲的大草原上，一天早晨，曙光刚刚划破夜空，一只羚羊从睡梦中猛然惊醒。

"赶快跑"它想到，"如果慢了，就可能被狮子吃掉！"

于是，起身就跑，向着太阳飞奔而去。

就在羚羊醒来的同时，一只狮子也惊醒了。

"赶快跑"，狮子想到，"如果慢了，就可能会被饿死！"

于是，起身就跑，也向着太阳奔去。

谁快谁就赢，谁快谁生存。一个是自然界兽中之王，一个是食草的羚羊，等级差异，实力悬殊，但生存却面临同一个问题——如果羚羊快，狮子就饿死；如果狮子快，羚羊就被吃掉。

贝尔在研制电话时，另一个叫格雷的也在研究。两人同时取得突破。但贝尔在专利局赢了——比格雷早了两个钟头。当然，他们两人当时是不知道对方的，但贝尔就因为这 120 分钟而一举成名，誉满天下，同时也获得了巨大的财富。

谁快谁赢得机会，谁快谁赢得财富。

无论相差只是 0.1 毫米还是 0.1 秒钟——毫厘之差，天壤之别！

在竞技场上，冠军与亚军的区别，有时小到肉眼无法判断。比如短跑，第一名与第二名有时相差仅 0.1 秒；又比如赛马，第一匹马与第二匹马相差仅半个马鼻子（几厘米）……但是，冠军与亚军所获得的荣誉与财富却相差天地之远。

时间的"量"是不会变的，但"质"却不同。关键时刻一秒值万金。

珍惜时间就是珍惜生命，难道非要等到时日不多，才能意识到生命的可贵？

一天，在一位医生的拥挤的候诊室里，一位老人突然站起来走向值班护士。

“小姐，”他彬彬有礼，一本正经地说，“我预约的时间是 3 点，而现在已经是 4 点，我不能再等下去了，请给我重新预约改天看病吧！”

两个妇女在旁边议论说：“他肯定至少是 80 岁了，他现在还会有什么要紧的事？”

那老人转向她们说：“我今年 88 岁了，这就是为什么我不能浪费一分一秒的原因。”

信誉是成功的基石

有多少人信任你，你就拥有多少次成功的机会。

1835 年，摩根先生成为一家名叫伊特纳火灾保险公司的股东，因为这家公司不用马上拿出现金，只需在股东名册上签上名字就可成为股东。这正符合当时摩根先生没有现金却想获得收益的情况。

很快，有一家在伊特纳火灾保险公司投保的客户发生了火灾。按照规定，如果完全付清赔偿金，保险公司就会破产。股东们一个个惊慌失措，纷纷要求退股。

摩根先生斟酌再三，认为自己的信誉比金钱更重要，他四处筹款并卖掉了自己的住房，低价收购了所有要求退股的股份。然后他将赔偿金如数付给了投保的客户。

一时间，伊特纳火灾保险公司声名鹊起。

已经身无分文的摩根先生成为保险公司的所有者，但保险公司已经濒临破产。无奈之中他打出广告，凡是再到伊特纳火灾保险公司投保的客户，保险金一律加倍收取。

不料客户很快蜂拥而至。原来在很多人的心目中，伊特纳公司是最讲信誉的保险公司，这一点使它比许多有名的大保险公司更受欢迎。伊特纳火灾保险公司从此崛起。

许多年后，摩根主宰了美国华尔街金融帝国。而当年的摩根先生，正是他的祖父，是美国亿万富翁摩根家族的创始人。

成就摩根家庭的并不仅仅是一场火灾，而是比金钱更有价值的信誉。还有什么比让别人都信任你更宝贵的呢？

信任的基础是什么呢？是互相之间对人品的了解与欣赏。是人与人之间无法用金钱来衡量的友情。

公元前 4 世纪，在意大利，有一个名叫皮斯阿司的年轻人触犯了国王。皮斯阿司被判绞刑，在某个法定的日子被无辜处死。皮斯阿司是个孝子，在临死之前，他希望能与远在百里之外的母亲见最后一面，以表达他对母亲的歉意，因为他不能为母亲养老送终了。他的这一要求被告知了国王。国王感其诚孝，决定让皮斯阿司回家与母亲相见，但条件是皮斯阿司必须找到一个人来替他坐牢，否则他的这一愿望只能是镜中花水中月。这是一个看似简单其实近乎不可能实现的条件。有谁肯冒着被杀头的危险替别人坐牢，这岂不是自寻死路。但，茫茫人海，就有人不怕死，而且真的愿意替别人坐牢，他就是皮斯阿司的朋友达蒙。

达蒙住进牢房以后，皮斯阿司回家与母亲诀别。人们都静静地看着事态的发展。日子如水，皮斯阿司一去不回头。眼看刑期在即，皮斯阿司也没有回来的迹象。人们一时间议论纷纷，都说达蒙上了皮斯阿司的当。行刑日是个雨天，当达蒙被押赴刑场之时，围观的人都在笑他的愚蠢，那真叫愚不可及，幸灾乐祸的人大有人在。但刑车上的达蒙，不但面无惧色，反而有一种慷慨赴死的豪情。

追魂炮被点燃了，绞索也已经挂在达蒙的脖子上。有胆小的人吓得紧闭了双眼，他们在内心深处为达蒙深深地惋惜，并痛恨那个出卖朋友的小人皮斯阿司。但，就在这千钧一发之际，在淋漓的风雨中，皮斯阿司飞奔而来，他高喊着：我回来了！我回来了！

这真正是人世间最最感人的一幕。大多数的人都以为自己在梦中，但事实不容怀疑。这个消息宛如长了翅膀，很快便传到了国王的耳中。国王闻听此言，也以为这是痴人说梦。国王亲自赶到刑场，他要亲眼看一看自己优秀的子民。最终，国王万分喜悦地为皮斯阿司松了绑，并亲口赦免了他的罪行。

守信，人无信不立

仁、义、礼、智、信。信是立人之本。你没有“信”也就不会有人信你，你的话和你的存在已经毫无意义可言。

老锁匠一生修锁无数，技艺高超，收费合理，深受人们敬重。更主要的是老锁匠为人正直，每修一把锁他都告诉别人他的姓名和地址，说：“如果你家发生了盗窃，只要是用钥匙打开的家门，你就来找我！”

老锁匠老了，为了不让他的技艺失传，人们帮他物色徒弟。最后老锁匠挑中了两个年轻人，准备将一身技艺传给他们。

一段时间以后，两个年轻人都学会了不少东西。但两个人中只有一个能得到真传，老锁匠决定对他们进行一次考试。

老锁匠准备了两个保险柜，分别放在两个房间，让两个徒弟去打开，谁花的时间短谁就是胜者。结果大徒弟只用了不到十分钟就打开了保险柜，而二徒弟却用了半个小时，众人都以为大徒弟必胜无疑。老锁匠问大徒弟：“保险柜里有什么？”大徒弟眼中放出了光亮：“师父，里面有很多钱，全是百元大钞。”问二徒弟同样的问题，二徒弟支吾了半天说：“师父，我没看见里面有什么，您只让我打开锁，我就打开了锁。”

老锁匠十分高兴，郑重宣布二徒弟为他的正式接班人。大徒弟不服，众人不解，老锁匠微微一笑说：“不管干什么行业都要讲一个‘信’字，尤其是我们这一行，要有更高的职业道德。我收徒弟是要把他培养成一个高超的锁匠，他必须做到心中只有锁而无其他，对钱财视而不见。否则，心有私念，稍有贪心，登门入室或打开保险柜取钱易如反掌，最终只能害人害己。我们修锁的人，每个人心上都要有一把不能打开的锁。”

言而无信，人之大忌。做人就要做得踏踏实实！

曾子的妻子到市上去，他的儿子哭闹着要跟着去。曾子的妻子说：“你先回去，等回来时，宰只小猪给你吃。”妻子从市上回来后，曾子要杀小猪给儿子吃，妻子不让他杀，说：“这不过是和孩儿说着玩的。”曾子说：“小孩子不可以和他说着玩，他们不懂事，全靠学父母的样子，听父母的言语，现在你欺骗他，不是教他欺骗吗？母亲欺骗儿子，儿子不相信母亲，这不是教养之道。”于是杀了小猪给孩子吃。

有言有信，此之为大丈夫。自己看得起自己，首先要做个“信”者。

守时，也守住生命

时间是双重性格的东西，最长也是最短，最慢也是最快，最小也是最大。

从前，在非洲有一个富人，名叫时间。他拥有无数的各种家禽和牲口，他的土地无边无际，他的田里什么都种，他的大箱子里塞满了各种宝物，他的谷仓里装满了粮食。

这个富人拥有这么多的财产，连国外的人也知道了，于是，各国商人远道而来，随同的还有舞蹈家、歌手。演员。各国派遣使者来，只是为了要看一看这位富人，回国后就可以对百姓说，这个富人怎么生活，样子是怎样的。

富人把牛羊、衣服送给穷人，于是人们说世界上没有一个人比他更慷慨了，还说，没有看见过时间富人的人就等于没有生活过。

又过了很多年，有一个部落准备派出使者去向富人问好。临行前部落的人对使者说：

“你们到时间富人的国家去，要想法见到他，你们回来时，告诉我们，他是否像传说中的那么富有，那么慷慨。”

使者们走了好多天，才到达了富人居住的国家。在城郊遇到了一个瘦瘦的、衣衫褴褛的老头。

使者问：“这里有没有一个时间富人？如果有，请您告诉我们，他住在哪里。”

老人忧郁地回答：“有的。时间就住在这里，你进城去，人们会告诉你的。”

使者进了城，向市民们问了好，说：“我们来看时间，他的声名也传到了我们部落，我们很想看看这位神奇的人，准备回去后告诉同胞。”

正当使者说这话的时候，一个老乞丐慢慢地走到他们面前。

这时有人说：“他就是时间！就是你们要找的那个人。”

使者看了看又瘦又老、衣衫褴褛的老乞丐，简直不相信自己的眼睛。

“难道这个人就是传说中的名人吗？”他们问道。

“是的，我就是时间，我现在变成不幸的人了。”老头说，“过去我是最富的人，现在是世界最穷的人。”

使者点点头说：“是啊，生活常常这样，但我们怎么对同胞说呢？”

老头想了想，答道：“你们回到家里，对他们说：‘记住，时间已不是过去的那个样子！’”

又据说，伟大的所罗门王有一天晚上做了一个梦，一位先圣在梦里告诉他一句话，这句话涵盖了人类的所有智慧，让他高兴的时候不会忘乎所以，忧伤的时候不会不能自拔，始终保持勤勉，兢兢业业。但是，他醒来后却怎么也想不起那句话来，于是他召来了最有智慧的几位老臣，向他们说了那个梦，要他们把那句话想出来。并拿出一颗大钻戒，说：“如果想出那句话来，就把它镌刻在戒面。我要把这颗戒指天天戴在手上。”

一个星期后，几位老臣来送还钻戒。戒面上已刻上了一句简单的话：

“这也会过去。”

时间像是海绵，要靠一点一点挤；时间更像边角料，要学会合理利用，一点一滴的累积，会得到长长的时间。

那时杰克大约只有 14 岁，年幼疏忽，对于卡尔华·尔德先生那天告诉他的一个真理未加注意，但后来回想起来真是至理名言，尔后他就从中得到了不可限量的益处。

卡尔·华尔德是他的钢琴教师。有一天，他教课的时候，忽然问杰克每天要花多少时间练琴。他说大约三四个小时。

“你每次练习，时间都很长吗？”

“我想这样才好。”我答。

“不，不要这样。”他说，“你将来长大以后，每天不会有长时间空闲的。你可以养成习惯，一有空闲就几分钟几分钟地练习。比如在你上学以前，或在午饭以后，或在休息余暇，五分钟、十分钟地去练习。把小的练习时间分散在一天里面，如此则弹钢琴就成了你日常生活的一部分了”。

当他在哥伦比亚大学教书的时候，他想兼职从事创作。可是上课、看卷子、开会等事情把他白天晚上的时间完全占满了。差不多有两个年头他一字未动，他的借口是没有时间，这时，他才想起了卡尔·华尔德先生告诉他的话。

到了下一个星期，他就把他话实验起来了。只要有五分钟的空闲时间，他就坐下来写作一百字或短短几行。

出乎他意料之外，在那个星期的终了，他竟积有相当的稿子了。

后来他用同样的方法积少成多，创作长篇小说。他的授课工作虽然十分繁重，但是每天仍有许多可资利用的短短余闲。他同时还练习钢琴。他发现每天小小的间歇时间，足够他从事创作与弹琴两项工作。

利用短时间，其中有一个诀窍，你要把工作进行得迅速。事前思想上要有所准备，到了工作时间来临的时候，立即把心神集中在工作上。

卡尔·华尔德先生对于杰克的一生有极其重大的影响。由于他，杰克发现了如果能毫不拖延地充分利用极短的时间，就能积少成多地供给你所要需的长时间。

向时间要效益，合理利用时间就是与时间争夺宝贵的生命。“忙里偷闲”，会这样做的人，才是会生活的人。

这三个故事说的都是时间。时间一去不返，不管你高兴还是忧伤。

一刻钟决定一次成功

一万年是好，可惜我们谁也活不了那么久，所以只有分秒必争，你才能活得愉快。

传说：有两个人偶然与神仙邂逅，神仙授他们酿酒之法，叫他们选端午那天收割的米，与冰雪初融时高山流泉的水珠调和，注入千年紫砂土铸成的陶瓮，再用初夏第一张看见朝阳的新荷覆紧，密闭七七四十九天，直到鸡叫三遍后方可启封。

像每一个传说里的英雄一样，他们历尽千辛万苦，跋涉过千山万水，找齐了所有的材料，把梦想一起调和密封，然后潜心等待那注定的时刻。

多么漫长的等待啊。漫漫长路的终点终于触手可及，第 49 天到了。两人彻夜未眠，等着鸡鸣的声音。

远远地，传来了第一遍鸡鸣，过了很久，依稀响起了第二遍，第三遍鸡鸣到底什么时候才会来？其中一个再也忍不住了，他迫不及待地打开了陶瓮，他却惊呆了——

里面的一汪水，像醋一样酸，又像中药一般苦，使他所有的后悔加起来也不可挽回。他失望地把它洒在了地上。

而另外一个，虽然欲望如同一把野火在他心里慢慢地燃烧，让他按捺不住想要伸手，他却还是咬着牙，坚持到了三遍鸡鸣响彻天空。

多么甘甜清澈的酒啊！

只要能坚持到底，胜利就一定会属于你。你要付出远超出大多数人所想象的努力才能成功。

1996 年在奥运会连破 200 米和 400 米两项世界冠军的美国运动员迈克尔·约翰逊，谈他用 10 年时间才把成绩加快了一秒多。

有时只是 1/100 秒或 1/10 秒之差，就决定你能否成为世界上跑得最快的人。伟大与平凡、成功和失败，只是一线之隔。人生常被喻为马拉松，但我认为人生更像短跑。长时间刻苦锻炼，机会一来临便全力以赴。

人生如短跑，需要你用大部分时间进行刻苦锻炼，机会来临时则全力以赴，细微的差别就可能决定你的人生。

有信，方可先言

只有“信”字当头，“言”才会有力度，有分量，有话“可言”。

晋文公重耳即位之后，有些诸侯小国不愿臣服于他。原国虽小，可是“得知始封之君是周文王的儿子，怎么甘愿承认从国外逃亡归来的重耳作为他们的霸主呢？”于是不断挑起边患，制造事端；晋文公为平息动乱，完成霸业。决定讨伐原国。

战前，晋文公亲自部署作战方案，到士兵中作战前动员，他与士兵约定：“根据我们的军事力量和原国的战斗实力，我们能够速战速决。以七天为期，降服原国。”

战争的进程出乎意料。原国的将士在强大的晋国面前，英勇顽强，沉着应战，尽管他们伤亡惨重，给养困难，但仍有拼死决战的势头。

七天限期已到，原国仍然十分顽强。晋文公为遵守诺言，便坚定地下达了撤离的命令。眼见原国已近绝路，军官们纷纷向晋文公进谏，请求再坚持一下，大家一致表示：“只要再坚持三天，原国军就会完全崩溃，只有投降臣服的路了。”

面对原国陷入绝境，军官们纷纷请战的局面，晋文公坚定地说：“君主言而有信，遵守诺言是国家得以昌盛的珍宝，也是军队能真正立于不败之地的珍宝，为了降服他国而失掉如此贵重的东西，我们犯得起吗？”

这一仗晋文公虽然没有用武力征服，可是他言而有信，遵守诺言的名声却传到了周围许多国家。

第二年，晋文公又发兵攻打原国。这一次他与士兵约定并向外发布：“我们必须坚持到底，达到彻底征服和得到原国的目的后再返回。”

原国人听到这个约定，知道晋文公不达目的不会罢休，于是战幕尚未拉开就投降了。另外一个一直不肯臣服的卫国，也归顺了晋文公。

以实相告时可能犯上怒而招祸，但却体现了为人的正直无私和忠贞不贰，是忠诚的表现，唯其如此，才能得到他人的信任。

有一天，皇帝派遣使臣召见鲁宗道，使臣来到门口鲁宗道已赴酒家喝酒去了。很长时间后，他才摇摇晃晃地回来，这时已经超过了时间，使臣只好先走一步，与他相约说："圣上如果怪罪你来迟，你当用何事做托词来对答？"鲁宗道说："应该实话实说。"使臣说："若这么回答，只能得罪圣上。"鲁宗道说："好喝酒，这是人之常情，欺君的罪过可就大了。"使臣便拿鲁宗道的原话回了皇帝。

等到鲁宗道入见，皇帝问他何故去酒家饮酒，鲁宗道谢罪说。"臣家境贫寒，没有酒器，无法招待远道而来的亲戚，便邀他到酒家喝一杯。但臣下换了衣服，市人认不出我来，也不失为官的体统。"皇帝认为他能说实话，可以重用。后来，鲁宗道做了参知政事。由于他为人正直敢言，邪佞之人无不怕他三分。

欺骗他人无异于连自己一同欺骗，只是自己更变得心虚罢了。

别漠视业余时间

一个人的业余时间一生中能有多少呢？这些年的业余时间往往可以造就一个人，也可以毁掉一个人。

一个城郊的居民区住着 3 户人家，他们的平房紧紧相邻着，3 个男人都从农村招工进了一家炼铁厂。

厂里工作辛苦，工资又不高。下班了，3 个人都有自己的活儿。一个到城里去蹬三轮车，一个在街边摆了一个修车摊，还有一个在家里看书，写点文字。蹬三轮车的人钱赚得最多，高过工资。修车的也不错，能对付柴米油盐的开支。看书写字的那位虽没有收入，但也活得从容。

有一天，3 个人说起自己的愿望。蹬三轮车的人说，我以后天天有车蹬就很满足了。修车的说，我希望有一天能在城里开一间修车铺。喜欢看书写东西的那个人想了很久才说，我以后要离开炼铁厂，我想靠我的文字吃饭。其他两位当然都不信。

5 年过去了，他们还是过着同样的生活。10 年后，修车的那位真的在城里开了一家修车铺，自己当起了老板。蹬三轮的那位还是下班了去城里蹬车。15 年后，看书写字的那位发表的一些作品，在地区引起了不少关注。20 年后，他的作品被一家出版社看中，调到省城当了编辑。

时间无限，生命有限。在有限的生命里懂得把时间拉长的人就拥有了更多做事情的本钱。

人的生命是有时限的。以现在人均寿命 70 岁计算，人一生将占有几十万个小时，即使除去无效时间也有 35 万多个小时。

而就一生的时间而言是不断减少的，但是人对实际时间的利用和发挥是不一样的，因而实际生命的长短也是不一样的。比如，以分计算时间的人比用时计算时间的人，要多拥有 59 倍的时间，以秒计算时间的人则又要比用分计算时间的人，多拥有 59 倍的时间。所以对于挤时间的人来说，时间却又是不断增加的，甚至是成倍地增加。

伟人们所到达并保持的高处，并不是一飞就到的，而是他们在同伴们都睡着的时候，在夜里辛苦地往上攀爬……

时光也变万物

节约时间，也就是使一个人的有限的生命更加有效，也就等于延长我们的生命。

因为报名参加一位外教主讲的企业管理培训，所以这周末不能像往常那样睡懒觉，早早起床，赶车去听课。可是紧赶慢赶，还是迟到了10分钟，我知道外国人时间观念很强，所以心里很过意不去，悄悄进去在最后面找了个位置坐下了。讲师是位从新加坡去美国的华人，姓张，在美国等国际著名大企业做过高层领导，讲一口流利但发音有些生硬的国语，但课讲得非常好，既有理论深度又很生动，据说他在国外讲课、做咨询是按小时收费，每小时费用高达一百多美元。此次来大连作为期3天的讲课和咨询，主办单位要付他两万元人民币，相当于国内讲师一年的工资。下课时，张先生走下讲台来到我身边，微笑着问我："听得懂吧？前边的课我选讲了企业战略管理的三大部分，然后再展开结合案例讲。你没听到的可以现在问。"

我有些不好意思地笑了笑，我以为他不会注意到我来晚了，"对不起，路上塞车，晚了一会儿。"

"啊，没关系，没关系，您不用向我道歉。真的，我的时间已经被您购买了，由您支配，您是完全时间拥有者，我要尽可能地为你们服务。"张先生习惯地打着手势说。

我看着他，半认真半开玩笑地说："如果您在我们中国当老师，我敢说你会是最受欢迎的人。"

"是吗？我在新加坡长大，在美国读大学，我们自己选专业、选课、选讲师，选课前我们可以试听所要选的讲师的课，选定后付足一学期的学费、教材费，什么时候去听课。什么时候走，或者根本不去，老师一律不管，他只管备好课，哪怕只有一个人来，他也必须认真地讲，因为他已经被购买了，他要全力讲好，服务好，只有这样，他才能继续被购买。我到过你们的一些大学，我很奇怪你们每次上课都点名签到，有的学生不来上课还要托病或者让别的同学代他签到。我不能理解，因为大学不是义务教育，你们是付费来学习的，老师讲课已经被你们购买了，你们来晚了或者不来，受损失的是你们自己，就像到商店付钱买东西却没把东西拿回家，难道还要向商店和销售者道歉？”

我看着他脸上的疑惑，刹那间明白了我读了十几年书、工作了十年都没有弄明白的一个道理：其实我们一生不过是一个不断购买和不断销售的过程。看起来我们购买和销售的物品很多，但是一切物品归根结底最终都可以合算为“占有时光”。我们购买别人的时光，销售自己的时光。

衡量一个人成功的标准就是在一个标准的时光销售过程中，你赢得或创造了多少价值，这个量变的曲线，清清楚楚描绘出你生命的价值，是你存在的证明。

时间是宝贵的，但生命更宝贵，请抽出那么一点点时间来善待自己吧。

成功者都非常重视休息时间。当他们持续专心工作一两个小时之后就必须小睡一次，并对外挂出“请勿打扰”的牌子，使全身乃至脑部放松，进入沉睡状态。

通常，人们在数小时连续工作之后，只需稍事休息，就能充分消除疲劳。时常因工作异常忙碌搞得筋疲力尽的人更应该经常使用这种方法消除疲劳。成功的人会为自己制造休息时间，尽管工作再繁重，他们都能在忙里偷闲。若不如此，他们就没办法承受一天长达 12 小时，甚至 14 小时不间断的工作。

也许你认为办公室里公然入睡不太好，那么，你可以在别的地方休息，只要能设法消除全身的紧张和疲劳即可。

至于一天该休息（小睡）几次？休息多久？根据理论，每个人的工作时间内应平均 2 小时休息一次。每次约 5~10 分钟；一天大约总共休息 4 次。除小睡之外，其他像喝水、上厕所的时候皆可借机休息、活动一下筋骨。

休息后再开始工作，你会惊讶于精神恢复竟如此之快。

时间在流逝……

使人生圆滑的微妙的要素莫如“渐”，在不知不觉之中，天真烂漫的孩子“渐渐”变成野心勃勃的青年；慷慨侠义的青年“渐渐”变成冷酷的成人……

一年一年地、一月一月地、一日一日地、一时一时地、一分一分地、一秒一秒地渐进，犹如从斜度极缓的长远的山坡上走下来，使人不察其递降的痕迹，不见其各阶段的境界，而似乎觉得常在同样的地位，恒久不变，又无时不有生的意趣与价值，于是人生就被确实肯定，而圆滑进行了。假使人生的进行不像山坡而像风琴的键板，如昨夜的孩子今朝忽然变成青年；或者像旋律的“接连进行”，由朝为青年而夕暮忽成老人，人一定会惊讶、感慨、悲伤，或痛感人生的无常，而不乐为人了。故可知人生是由“渐”维持的。这在女人恐怕尤为必要：歌剧中，舞台上如花的少女，就是将来火炉旁边的老婆子，这句话，骤听使人不能相信，少女也不肯承认，实则现在的老婆子都是由如花的少女“渐渐”变成的。

人之能堪受境遇的变衰，也全靠这“渐”的助力。巨富的纨绔子弟因屡次破产而“渐渐”荡尽其家产，变为贫者；贫者只得做佣工，佣工往往变为奴隶，奴隶容易变为无赖，无赖与乞丐相去甚近，乞丐不妨做偷儿……这样的例，在小说中，在实际上，均多得很。因为其变衰是延长为十年二十年而一步一步地“渐渐”地达到的，在本人不感到什么强烈的刺激。故虽到了饥寒病苦刑笞交迫的地步，仍是熙熙然贪恋着目前的生的欢喜。假如一位千金之子忽然变了乞丐，这人一定痛不欲生了。

这真是大自然的神秘的原则，造物主微妙的工夫！阴阳潜移，春秋代序，以及物类的衰荣生杀，无不暗合于这法则。由萌芽的春“渐渐”变成绿荫的夏，由凋零的秋“渐渐”变成次的冬。我们虽已经历数十寒暑，但在围炉拥裘的冬夜仍是难于想象饮冰挥扇的夏日的心情；反之亦然。然而由冬一天一天地、一时一时地。

一分一分地、一秒一秒地移向冬，其间实在没有显著的痕迹可寻。昼夜也是如此：傍晚坐在窗下看书，书页上“渐渐”地黑起来，倘不断地看下去（目力能因了光的渐弱而渐渐加强），几乎永远可以认识书页上的字迹，即不觉昼已变为夜。黎明凭窗，不瞬目地注视东天，也不辨黑夜白昼的推移的痕迹。儿女渐渐长大起来，朝夕相见的父母全然不觉得，难得见面的远亲就相见不相识了。往年除夕，我们曾在红蜡烛底下守候水仙花的开放，真是痴态！倘若水仙花果真当面开放给我们看，便是大自然的原则的破坏，宇宙的根本的摇动，世界人类的末日临到了！

“渐”的作用，就是用每步相差极微极缓的方法来隐蔽时间的过去与事物的变迁的痕迹，使人误认其为恒久不变。这真是造物主骗人的一大诡计！这是一件比喻的故事：某农夫每天早晨抱了犊而跳过一沟，到田里去工作，夕暮又抱了它跳过沟回家。每日如此，未尝间断。过了一年，犊已渐大，渐重，差不多变成大牛，但农夫全不觉得，仍是抱了它跳沟。有一天他因事停止工作，次日就再不能抱了这牛而跳沟了。造物的骗人，使人流连于某每日每时的生的欢喜而不觉其变迁与辛苦，就是用的这个方法。人们每日在抱了日重一日的牛而跳沟，不准停止。自己误以为是不变的，其实每日在增加其苦劳！

我觉得时辰钟是人生的最好的象征了。时辰钟的针，平常一看总觉得是“不动”的；其实人造物中最常动的无过于时辰钟的针了。日常生活中的人生也如此，刻刻觉得我是我，似乎这“我”永远不变，实则与时辰钟的针一样的无常！一息尚存，总觉得我仍是我，我没有变，还是流连着我的生，可怜受尽“渐”的欺骗！

“渐”的本质是“时间”。时间我觉得比空间更为不可思议，犹之时间艺术的音乐比空间艺术的绘画更为神秘。因为空间姑且不追究它如何广大或无限，我们总可以把握其一端，认定某一点。时间则全然无从把握，不可挽留，只有过去与未来在渺茫中不绝地相追逐而已。性质上既已渺茫不可思议，分量在人生中也似乎太多。因为一般人对于时间的悟性，似乎只够支配搭船乘车的短时间；对于百年的长期间的寿命，他们不能胜任，往往迷于局部而不能顾及全体。试看乘火车的旅客中，常有明达的人，有的宁牺牲暂时的安乐而让其座位于老弱者，以求心的太平（或博暂时的美誉）；有的见众人争先下车，而退在后面，或高呼“勿要轧，总有得下去的！”“大家都要下去的！”然而在乘“社会”或“世界”的大火车的“人生”的长期的旅客中，就少有这样的明达之人。所以我觉得百年的寿命，定得太长。像现在的世界上的人，倘定他们搭船乘车期间的寿命，也许在人类社会上可减少争斗，而与火车乘客一样的谦让、和平，也未可知。

然人类中也有几个能胜任百年的或千古的寿命人，那是“大人格”“大人生”。他们能不为“渐”所迷，不为造物所欺，而收缩无限的时间和空间于方寸的心中。故佛家能纳须弥于芥子。

第6章

用独立自主的习惯走执着的人生之路

梦想永远为时不晚

为什么你不敢将理想付诸行动？是因为觉得为时已晚，还是害怕失败？别着急，现在开始为时不晚！

昨天当我牵着小狗莎莎在海滩上散步时，遇见一对来自西部的退休夫妇。他们对俄勒冈海岸赞不绝口。

“这片海滩多令人神往啊，”老妇人说道，“可惜我们十年前没下决心在这儿买一幢别墅”。

“现在你觉得太晚了吗？”我问道。

“是啊，那时买会便宜得多呢！”

我不知他们是宁愿守着一块并不喜爱的地方生活，还是会尝试一下冒险与挑战？如果我和他们很熟的话，一定会劝他们勇敢地去尝试。

曾有人说过：多数人是在失望中聊以终生的。可是在期盼中度过一生，岂非更有意义？你所需付出的仅是对生活态度有意识的改变。曾见过多少人感慨“要是早点……生活就会大不同了！”并大谈他本来会怎么怎么改变生活的——然而他们最擅长的却是空谈。

多年来我一直参加各类比赛，以此作为消遣，也曾建议朋友们去尝试，因为从中能获得意想不到的乐趣。当一位朋友看到我获得来的第四架宝丽来相机时，她感叹道：“哎，可惜我永远不属于那类会成功的人。”

我建议：“为什么不改变一下你对生活的态度？有时候必须尝试去做，并坚信自己会成功。”

这个女友以前从不给我打长途电话。上周的一天，我突然接到她的电话：“你猜怎么了？”她冲着话筒嚷道：“我下决心改变自己的态度，所以看到比赛通知就立即报了名，并相信一定能赢，她激动得有些气喘：”他们通知我获奖了，所以我破费打长途告诉你——你的生活哲理真灵！我欣慰地笑了。

你是否注意到失败者总乐于与失败者为伍，他们由此得到宽慰。我的看法是如果你想成功，去追寻成功人士的足迹吧！

我在课堂上一直鼓励学生们去追求自己的梦想，对任何事情都要充满热情。最重要的是拥有对生活的信念。

从零开始，经营自己的人生，也许将会收获更多。

上帝把1、2、3、4、5、6、7、8、9、0十个数字摆出来，让面前十个人去取，说道：

“一人只能取一个。”

人们争先恐后地拥上去，把9、8、7、6、5、4、3都抢走了。

取到2和1的人，都说自己运气不好，得到很少很少。

可是，有一个人却心甘情愿地取走了0。

别人说他傻：“拿个0有什么用？”

别人笑他痴：“0是什么也没有呀！要它干啥？”

这个人说：“从0开始嘛！”便埋头苦干，孜孜不倦地干起来。

他获得1，有0便成为10；他获得5，有0便成了50。

他一心一意地干着，一步一步地向前。

他把0加在他获得的数字后面，便十倍十倍地增加。他终于成为最富有的、最成功的人。

记不清我们的身边有过多少这样的事例，真是不胜枚举。我们的钦佩只因他们的勇气和意志。渴望生活美好的自主人生的人们，请从零开始吧，需要的只是你的行动。

拯救自己的方法——自立

不要以为你离了某人就活不下去！只有自立之人，才会有拯救自己的方法。

从前，有一位体育老师，教我们溜冰。

开始时，我不知道技巧，总是跌倒。所以，他给我一把椅子，让我推着椅子溜。

果然，此法甚妙，因椅子稳当，可以使我站在冰上如站在乎地上一般，不再跌跤，而且，我可以推着它前行，来往自如。

我想，椅子真是好！

于是，我一直推着椅子溜。

溜了大约一星期之久，有一天，老师来到冰场，一看我还在那儿推椅子！这回他走上冰来，一言不发，把椅子从我手中搬去。

失去了椅子，我不觉惊惶大叫，脚下不稳，跌了下去，嚷着要那椅子。

老师在旁边，看着我在那里叫嚷，无动于衷。我只得自力更生，站稳了脚步。

这才发现，我在冰上这么久，椅子已帮我学会了许多。但推椅子只是一个过程，真要学会溜冰，非把椅子拿开不可——没有人带着椅子溜冰的，是不是？

不要以为你离开了某人就活不下去！

更不要使你自己离开某人就活不下去！

世上没有人可以支持你一生！

别人可以在必要时扶你一把，但别人还有别人的事，不能变成你的一部分来永远支持你。还是要拿出力量来，承认“坚强独立，自求多福”这八个字吧！

所以一个人决不能坐享其成，如此下去，往往适得其反。

古希腊神话中有这样一个故事。

宙斯之子赫拉克勒斯小时候，曾碰到过两位女神，一个叫美德女神，一个叫恶德女神。

恶德女神对他说："孩子，跟我走吧！包你有享不完的荣华富贵！你要什么，我一定满足你什么！"

美德女神对他说："孩子，跟我走吧！我将教会你如何勇往直前！而你也必将在战胜艰险的过程中变得坚强无比！"

赫拉克勒斯想了想，毅然跟定了美德女神。这以后，他果然出生入死，在战胜无数毒蛇猛兽的过程中变得刚强无比，为人类屡建奇功，成了希腊神话中首屈一指的最了不起的英雄！而且，正是因为这个，他才娶了青春女神——成了青春女神的丈夫！

真佩服古希腊人的深刻和深刻的古希腊人，原来，"要什么就有什么"非但不是什么幸福，而且恰恰是一种恶！反之，只有自觉地挑战磨难，才是人生最理智的选择！才能真正体现出青春的壮丽！

要什么有什么的安乐生活可以让人获得感官上的舒适，却不会让你在能力才华、品德等方面有任何收获。

抛开依赖当家做主人

没有失败，只有放弃，不放弃就不会失败。我们获胜不是靠辉煌的方式，而是靠不断努力。

1948 年，牛津大学举办了一个“成功秘诀”讲座，邀请到了当时声誉已登峰造极的伟人丘吉尔来演讲。三个月前媒体就开始炒作，各界人士，翘首以盼。

这天终于到来了，会场上人山人海，水泄不通。全世界各大新闻机构都到齐了。人们准备洗耳恭听这位大政治家、外交家、文学家（丘吉尔曾获诺贝尔文学奖）的成功秘诀。

丘吉尔用手势止住大家雷动的掌声后，说：

“我成功秘诀有三个：第一是，决不放弃；第二是，决不、决不放弃；第三是，决不、决不、决不能放弃！我的讲演结束了。”

说完就走下讲台。

会场上沉寂了一分钟后，才爆发出热烈的掌声，经久不息。

青年时人要有敢拼、敢闯，不惧怕困难的精神：要用自己的勇气征服生活。

30 年前，一个年轻人离开故乡，开始创造自己的前途。少小离家，云山苍苍，心里难免有几分惶恐。他动身后的第一站，是去拜访本族的旅长，请求指点。

老族长正在临帖练字，他听说本族有位后辈开始踏上人生的旅途，就随手写了 3 个字“不要怕”，然后抬起头来，望着前来求教的年轻人说：“孩子，人生的秘诀只有 6 个字，今天先告诉你 3 个，供你半生受用。”

30年后，这个从前的年轻人已是过了中年，他有一些成就，也添了很多伤心事。归程漫漫，近乡情怯，他又去拜访那位族长。

他到了族长家里，才知道老人家几年前已经去世。家人取出一个密封的封套来对他说："这是老先生生前留给你的，他说有一天你会再来。"还乡的游子这才想起来，30 年前他在这里听到人生的一半秘密。拆开封套，里面赫然又是 3 个大字："不要悔。"

白己失去太多，后悔许多事不尽如人意，应相信前面还有机会！

信念坚定，断然前行

具有坚定的信念断然前行的人，他们的旅行才更轻捷，更稳健。

一个胆小如鼠的骑士将要进行一次远途旅行，于是他竭力准备好应付旅途中可能遇到的各种问题。他带了一把剑和一副盔甲为的是对付他遇到的敌手，一大瓶药膏为防太阳晒伤皮肤或毒藤刮伤皮肤，一把斧子用来砍柴火，还有一顶帐篷，一条毯子，锅和盘以及喂马的草料。他出发了，——叮叮当当，咯咯，似一座移动的废物堆。

他来到一座破木桥的中间，桥板突然塌陷，他和他的马都坠入河中，淹死了。临死前那一刻，他很懊悔，他忘了带一个救生筏。

瓦伦达是美国一个著名的高空走钢索表演者，在一次重大的表演中，不幸失足身亡。他的妻子事后说，我知道这一次一定要出事，因为他上场前总是不停地说，这次太重要了，不能失败，绝不能失败；而以前每次成功的表演，他只想着走钢索这件事本身，而不去管这件事可能带来的一切。后来，人们就把专心致志于做事本身而不去管这件事的意义，不患得患失的心态，叫作“瓦伦达心态”。

美国斯坦福大学的一项研究也表明，人大脑里的某一图像会像实际情况那样刺激人的神经系统。比如当一个高尔夫球手击球前一再告诉自己“不要把球打进水里啊”，他的大脑里往往就会出现“球掉进水里”的情景，而结果往往事与愿违，这时间球大多都会掉进水里。这项研究从另一个方面证实了瓦伦达心态。

有些时候，一旦迅速进入行动状态后，就来不及多想，逼上梁山，背水一战，只有一条路走到黑。这样反而容易成功。

独品人生百态

没有人可以替代你去承受、去体味。这时你只有去独品人生百态，然而也正是在这独品的过程中，你也被生活升华了。

我年轻的时候，曾经拜访过一位圣人。他住在山那边一个幽静的林子里。正当我们谈论着什么是美德的时候。一个土匪瘸着腿吃力地爬上山岭。跪在圣人面前说："啊，圣人，请你解脱我的罪过，我罪孽深重。"

圣人答道："我的罪孽也同样深重。"

土匪说："但我是盗贼，还是个杀人犯。"

圣人说："我也是盗贼，也是个杀人犯。"

土匪说："我犯下了无数的罪行。"

圣人回答："我犯下的罪行也无法计算。"

土匪站了起来，他两眼盯着圣人，露出一种奇怪的神色。然后他就离开了我们，连蹦带跳地跑下山去。

我转身去问圣人。"你为何给自己加上莫须有的罪名？你没有看见此人走时已对你失去信任？"

圣人说道："是的，他已不再信我，但他走时毕竟如释重负。"

正在这时，我们听见土匪在远处引吭高歌。

只有自己面向现实的人，才会在独立人生之路上行得更稳更快。

十年前的那个周末舞会，女孩子是秀发披肩、亭亭玉立的大二学生，她像一朵六月的新莲在沸腾的舞池中，裙裾翩飞，飘逸而芬芳。

在目光的包围和无休无止地旋转后，她累了，坐在一起休息。

这时，一个男孩走过来向她微微鞠躬。伸出手。"我可以请你跳舞吗？"他彬彬有礼，像一个古代的王子，让人不忍拒绝。

带着一丝疲倦，她站了起来。当两个人面对面地站在舞池中，静等音乐响起的片刻，她突然发现。那个男生竟然比她似乎还矮一点点。也许并不真的比她矮，但是女孩子觉得，如果哪个男生与她等高，那就已经是很矮了。“我比你还高哪！”女孩子轻轻悄悄地笑着说，像小时候与小伙伴比高矮时得胜后的高兴的样子。其实是无意的，因为她从小便比身边所有的朋友长得高，已习惯了在与他们的比较中骄傲地笑。但眼前的男孩子并不是自己的朋友，只是舞会上偶尔邂逅的舞伴。女孩子立刻为自己的口无遮拦而后悔了。她的脸唰地一下红了。

一切发生得太快了，男孩子稍稍愣了一下，脸上的笑还来不及褪去，新的一波笑意竟浮了上来。他不愠不恼地说：“是吗？那我迎接挑战。”

后面四个字稍稍有点重。女孩子无语，歉意地笑，躲过他的目光，但却有点紧张地捕捉来自他的信息。就见他下意识地挺直了腰杆，轻描淡写地说：“把我所发表过的文章垫在我的脚底下，我就比你高了。”原来，他也有他的骄傲。

舞会后，他们成了恋人。

后来，因为阴差阳错，他们并没能走在一起，但是，女孩却从来没有忘记过他，没有忘记当年在舞会上的那一幕情景，尤其是那两句不卑不亢的话：“我要迎接挑战。”“把我所发表的文章垫在我的脚底下，我就比你高了。”

人要正视自己的生理缺陷，一个人心理的健康才是最大的富有。

我们不仅有脚，还有双肩

如果你想知道什么是责任。实践、磨炼是最好不过的生动教材！

1920 年，有个 11 岁的美国男孩踢足球时，不小心打碎了邻居家的玻璃。邻居向他索赔 12.5 美元。在当时，12.5 美元是笔不小的数目，足足可以买 125 只生蛋的母鸡！闯了大祸的男孩向父亲承认了错误，父亲让他对自己的过失负责。男孩为难地说："我哪有那么多钱赔人家？"父亲拿出 12.5 美元说："这钱可以借给你，但一年后要还我。"从此，男孩开始了艰苦的打工生活。经过半年的努力，终于挣够了 12.5 美元这一"天文数字"，还给了父亲。

这男孩就是日后成为美国总统的罗纳德·里根。他在回忆这件事时说，通过自己的劳动来承担过失，使我懂得了什么叫责任。

自己的责任需要自己来承担，我们不仅有逃避的双脚，我们还有承担责任的双肩。

潜能激励专家曾经说过这样一句话："在开发潜能时，没有人会带你去钓鱼。"

魏特利有幸在年少时，便学会了自立自强。他父亲在二次大战时身在国外，当他 9 岁时，在圣地亚哥他家附近，有一个陆军制空炮兵团，驻扎的士兵和他成了好友，以消磨无聊的闲暇时间。他们会送魏特利一些军中纪念品，像陆军伪装钢盔、枪带及军用水壶，魏特利则以糖果、杂志或邀请他们来家中吃便饭作为回赠。

魏特利永难忘怀那一天，他回忆道：

"那天我的一位士兵朋友说：'星期天上午 5 点，我带你到船上钓鱼。'我雀跃不已，高兴地回答：'哇哈！我好想去。我甚至从未靠近过一艘船，我总是在桥上。防波堤上，或岩石上垂钓。眼看着一艘艘船开往海中，真令人羡慕！我总是梦想，有一天我能在船上钓鱼。太感谢你了！我要告诉我妈妈，下星期六请你过来吃晚饭。'

“周六晚上我兴奋地和衣上床，为了确保不会迟到，还穿着网球鞋。我在床上无法入眠，幻想着海中的石斑鱼和梭鱼，在天花板上游来游去。3 点，我爬出卧房窗口，备好渔具箱，另外还带备用的鱼钩及鱼线，将钓竿上的轴上好油。带了两份花生酱和果酱三明治。4 点整，我就准备出发了。钓竿、渔具箱、午餐及满腔热情，一切就绪——坐在我家门外的路边，摸黑等待着我的士兵朋友出现。

“但他失约了。

“那可能就是我一生中，学会要自立自强的关键时刻。

“我没有因此对人的真诚产生怀疑或自怜自艾，也没有爬回床上生闷气或懊恼不已，向母亲、兄弟姊妹及朋友诉苦，说那家伙没来，失约了。相反的，我跑到附近汽车戏院空地上的售货摊，花光我帮人除草所赚的钱，买了那艘上星期在那儿看过、补缀过的单人橡胶救生艇。近午时分，我才将橡皮艇吹满气，我把它顶在头上，里头放着钓鱼的用具，活像个原始狩猎队。我摇着桨，滑入水中，假装我将启动一艘豪华大油轮，航向海洋。我钓到了一些鱼，享受了我的三明治，用军用水壶喝了些果汁，这是我一生中最美妙的日子之一。那真是生命中的一大高潮。”

魏特利经常回忆那天的光景，沉思所学到经验，即使是在 9 岁那样稚嫩的年纪，他也学到了宝贵的一课：“首先学到的是，只要鱼儿上钩，世上便没有任何值得烦心的事了。而那天下午，鱼儿的确上钩了！其次，士兵朋友教给我了，光有好的意图并不够。士兵朋友要带我去，也想着要带我去，但他并未赴约。”

然而对魏特利而言，那天去钓鱼，却是他最大的希望，他立即着手设定计划，使愿望成真。魏特利极有可能被失望的情绪所击溃，也极可能只是回家自我安慰：“你想去钓鱼。但那阿兵哥没来，这就算了吧！”相反的，他心中有个声音告诉他：仅有欲望不足以得胜，我要立刻行动，要自立自强，自己开发属于自己的那一片沃土——潜能。

人生没有第二次选择

肉体上的伤疤可以痊愈，但心灵上的伤疤总会留下疤痕，而且永远不会消失……

从前，有个脾气很坏的小男孩。一天，他父亲给了他一大包钉子，要求他每发一次脾气都必须用铁锤在他家后院的栅栏上钉一颗钉子。第一天，小男孩共在栅栏上钉了 37 颗钉子。过了几个星期，由于学会的控制自己的愤怒，小男孩每天在栅栏上钉钉子的数目逐渐减少了。他发现控制自己的脾气比往栅栏上钉钉子容易多了……最后，小男孩变得不爱发脾气了。

他把自己的转变告诉了父亲。他父亲又建议说："如果你能坚持一整天不发脾气，就从栅栏上拔下一个钉子。"经过一段时间，小男孩终于把栅栏上的所有钉子都拔掉了。

父亲拉着他的手来到栅栏边，对小男孩说："儿子，你做得很好。但是，你看一看那些钉子在栅栏上留下的那么多小孔，栅栏再也不会是原来的样子了。当你向别人发过脾气之后，你的言语就像这些钉孔一样，会在人们的心中留下疤痕。你这样做就好比用刀子刺向某人的身体，然后再拔出来。无论你说多少次对不起，那伤口都会永远存在。其实，口头对人们造成的伤害与伤害人们的肉体没什么两样。"

自强不息显神通

“天行健，君子以自强不息。”客观世界不断地向前发展，社会不断地前进，因此有志者必须不断地自强，不断地更新自己。

正如文天祥所说“君子之所以进者，无法，天行而已矣。”

前苏联火箭之父齐奥尔科夫斯基（1857—1935）10 岁时，染上了猩红热，持续几天的高烧，引起了严重的并发症，使他几乎完全丧失了听觉，成了半聋。他默默地承受着孩子们的讥笑和无法继续上学的痛苦。他的父亲是个守林员，整天到处奔走。因此教他读书写字的担子就落到妈妈身上。通过妈妈耐心细致的讲解和循循善诱的辅导，他进步得很快。可是当他正在充满信心地自学时，母亲却患病去世了，这突如其来的打击，使他陷入了极大的痛苦。他不明白，生活的道路为什么这么难？为什么这么多的不幸都落到了他的头上？他今后该怎么办？父亲抚摸着他的头说：“孩子，要有志气，靠自己的努力走下去。”是啊！学校不收、其他孩子们在嘲弄，今后只有靠自己了！

年幼的齐奥尔科夫斯基从此开始了真正的自学道路。他从小学课本、中学课本一直读到大学课本，自学了物理、化学、微积分、解析几何等课程。这样，一个耳聋的人，一个没有受过任何教授指导的人，一个从未进过中学和高等学府的人，由于始终如一的勤奋自学、刻苦钻研，终于使自己成了一个学识渊博的科学家，为火箭技术和星际航行奠定了理论基础。

让他们说去吧，走自己的路

18 世纪，天花像一种可怕的瘟疫在欧洲和亚洲蔓延着。在英国，几乎每个人迟早都会传染上这种病，许多成年人的脸上和身上都有天花留下的难看的疤痕。成千上万的人由于病情严重而变成瞎子或疯子，每年死去的人不计其数。

免疫法的发现者英国的琴纳（1749—1823），当时还是位年轻的医师，他立志向天花宣战。他在家乡伯克利行医时，发现牧区挤奶女工从来不患天花。原来她们在挤牛奶时，无意中接触了患天花的奶牛的脓浆，传染上了牛痘，手上便长出了小脓疮。开始时稍感不适，但很快就好了，以后就再也不患天花了。琴纳由此产生了一个大胆的设想，用人工接种牛痘，预防天花。

在动物身上做实验成功了，在人身上种牛痘会不会有危险呢？决心为人类解除天花危害的琴纳，决定拿自己的儿子作为人工接种牛痘的第一个试验者。这个想法马上招致了他的妻子、亲属和朋友们的反对，说他发疯了，这样会害死孩子的。琴纳忍受着亲友们的责难，果断地把牛痘种到了儿子的胳膊上。几天以后，儿子度过了微微的不适而安然无恙。两个月后，他又把天花病人身上的脓液种到了儿子的身上。忧虑难熬的日子，一天又一天、一个星期又一个星期地过去了。儿子一直没有传染上天花。妻子的脸上露出了笑容，琴纳更是欣喜若狂。

但是，琴纳的研究不仅没有马上得到社会的承认，反而引起了一场轩然大波。教会嚷嚷说，以牲畜的疾病来传染人是“亵渎上帝”的行为，“接种牛痘是魔鬼的诺言”。许多报纸鼓吹种了牛痘会使人身上长出牛角，发出尖叫的声音，甚至耸人听闻地说，儿童种了牛痘，全身会长出牛毛，面孔会变成牛的模样，像牛一样咳嗽，眼睛像公牛一样斜着看东西。一些受了蛊惑的人，包围了琴纳家的房子，向屋内扔砖头，谩骂并拦截就诊的病人。

这时候，琴纳的妻子站出来，坚持支持丈夫的研究。她鼓励并随同丈夫到伦敦去请求著名科学家的帮助与支持，以宣传和推广牛痘接种法，使更多的人尽早免于疾病的折磨。她拿出了家里的积蓄，帮助琴纳出版了《接种牛痘的原因和效果的调查》。最后，真理终于战胜了邪恶，琴纳赢得了承认和称颂。

人要想在竞争中立于不败之地，机遇固然重要，但捕捉、驾驭机遇之条件则在于人本身是否具有自己的优势。

数百年间一直独步天下的瑞士表，在 20 世纪 80 年代初陷入困境。两家最大制表厂 1983 年竟亏损 1.24 亿美元，濒临倒闭。同年，作为债权人的瑞士银行将其合并为 SMH，尼古拉斯海耶克出任总裁。1992 年，SMH 销售了 1 亿只手表，净利达到 2.86 亿美元。SMH 的成功，使瑞士手表在全球手表业的地位得以恢复。

八十年代初，全球手表年销量是 5 亿只，其中 75 美元以下的低档表为 4.5 亿只，75 ~ 400 美元中档表 4200 万只，其余 800 万只是 400 美元上的高档表，瑞士手表在中低和高档市场所占份额分别为 0.3%、97%。海耶克意识到，放弃低、中档手表市场又超产高档表，使瑞士表身陷怪圈，只有抢回失去的中低档表市场才能挽救瑞士手表业。

海耶克推出了一种售价 40 美元的 swatch 手表，它的产品设计强调花样时新、品种繁多、更突出欧洲风格，以明显有别于亚洲生产的低价表，并大做宣传。此举曾遭到不少人反对，他们认为低价表有损瑞士表形象。而海耶克认为，瑞士表的真正美好形象在于优质，优质而能低价，岂不很好？与此同时，海耶克对高档表的经营进行整顿。奥米茄表型号大幅度削减到 130 种，只生产纯贵金属的产品，强调它是“事业成功人士的专用表”，并取消了授权海外厂商制造的做法，使奥米茄等高档产品形象重现光彩。

不少企业在建立全球驰名的品牌之后，往往会另创“测产品”，开发、推销中低档产品，以求得更多的利润。但这样做的原则是，对主要品牌要加倍爱惜。

优势不是想出来的，也不是天上掉下来的。离开自强的根本，企图在激烈的竞争中独领风骚，只不过是痴人说梦罢了。

不向困难屈服

困难也有两重性，它可以征服人，把你打倒；也可能被人征服，使你大显身手，甚至一举成名。

坚持到底的人才会笑到最后，也是最成功的人。

1807 年 7 月，拿破仑与俄国皇帝亚历山大一世在提尔亚西特会晤。奥地利王后路易莎也来到提尔亚西特，想请求拿破仑把北德意志马格德堡归还给奥地利。一见面，路易莎王后先是赞赏拿破仑的头“像恺撒的一样”，然后她妩媚而又大胆地向拿破仑提出归还马格德堡的恳求。她开门见山，直截了当，拿破仑也不好当面拒绝。但仍不能轻易答应，他没话找话地赞美王后的服装如何好看，想借此转移话题。路易莎王后回敬了一句：“在这样的时刻，我们要拿时装作话题吗？”她再次提出请求，拿破仑又用一些毫不相干的话来应付她。路易莎王后再三央求拿破仑宽大为怀，态度谦恭而又诚恳，使拿破仑多少有些动摇。正在这时，奥地利西斯国王进来了，拿破仑的调子当场冷下来了。

在宴会结束时，拿破仑作了一个很得体的姿态，向路易莎王后奉送了一朵玫瑰花。王后灵机一动，脱口而出地说：“我可否认为这是友谊的象征，我关于马格德堡的请求已蒙答允？”拿破仑早有所戒备，他用一句不着边际的话把话题岔开了。路易莎王后没有达到目的，黯然而归。

坚持自己的原则和立场，不该做出的让步决不松口，同时又要做到行为得体，不失礼仪，这是一门高超的艺术，并不是每个人都可以灵活运用的，但你可以试着去用它。

永不满足，锐意进取，知难而进，这是一个成功的企业家的必备的素质。就在德国市场的业务蒸蒸日上之时，韦纳·西门子已经将自己的注意力转向了新的领域——铺设海底电报电缆，使浩瀚的大海不再成为阻隔人们交流的障碍。

早在 1851 年，英国的布雷特兄弟便在英国的多佛尔和法国的加来之间铺设了一条横跨英吉利海峡的海底电缆，把伦敦和巴黎这两座世界名城连接在一起。两年之后，西门子和哈尔斯克在俄国又成功地铺设了一条穿越波罗的海的水下电报线。不过，这两条电缆都处于浅海地带，如何在深海取得成功尚无先例。

1856 年，信心十足的布雷特兄弟开始了新的探险——铺设一条连接撒丁岛和北非的深海海底电缆。他们满以为海水深度对这项工作无关紧要，但无情的现实却证明这一想法过于简单。由于缺乏完备的制动装置，沉重的电缆在铺设过程中被扯成两段，在大海中消失得无影无踪。在经历了两次损失惨重的失败后，布雷特兄弟被迫放弃了这一尝试。这项任务随后于 1857 年秋天交给了一家全新公司的竞争者。

全新公司深知此事完成不易，于是找到了与公司早有业务往来的韦纳·西门子，请他参加这次探险，并提供铺设电缆所需的电力测试设备。这自然是西门子所求之不得的事情，因为他可以在深海电缆铺设中一显身手了。在电缆铺设船上，西门于认真研究了各种设备的情况，决定在制动装置上安装一个自己临时制造的测力计，以控制电缆下降速度，防止其再度扯断。这个简陋的仪器十分有效，长长的电缆顺利地在水深最高为 1 万英尺的海底道道前行，终于胜利地到达了彼岸。横越地中海的电报电缆，铺设成功了。1858 年，第一条横越大西洋、连接欧美大陆的电报电缆，在铺设过程中，也应用了西门子发明的测力计。除此之外，西门子还对水下和地下电缆存在的静电感应现象及解决办法提出了系统见解。

1859 年，全新公司开始在红海铺设从苏伊士通往亚丁的海底电缆，西门子再度登船随行。电缆船沿着黄沙莽莽的红海海岸，自北而南缓缓行进，经过 2000 多千米的艰苦航程，终于把电缆铺到了亚丁。然而，当西门子打开接收机。想要同苏伊士取得联系时，却接收不到任何信号。显然，电缆出现了故障。但没人知道问题发生在什么地方。

就在这时，西门子拿出了一台自己研制的测试仪器，把它装在线路上，然后说：“由于我对电缆和海水的电阻一清二楚，可以确定电缆在哪里出了毛病。”经过一夜的测试和计算，第二天他对工程主任肯定地说：“故障发生在离亚丁3海里的地方，”在场的全新公司的工程师们发出一阵哄笑，显然他们对此根本不相信。但事实是，果然在离亚丁3海里的地方发现了损坏的地方，修复之后，线路立刻畅通了。

凭借着自己的学识和发明，韦纳·西门子成为享有国际声誉的电缆铺设专家，并和他的弟弟威廉·西门子一起，被英国政府聘为顾问。

谈立志

“有志者事竟成。”这话说得很好，古今中外在任何方面经过艰苦奋斗而成功的英雄豪杰都可以做例证。志之成就是理想的实现。

人为的事实都必基于理想，没有理想决不能成为人为的事实。譬如登山，先须存念头去登，然后一步一步地走上去，最后才会到达目的地。如果根本不起登的念头，登的事实自无从发生。

这是浅例。世间许多人浪费了他们的生命，就因为他们对于自己应该做的事不起念头。

许多以教育为事业的人根本不起念头去研究，许多以政治为事业的人根本不起念头为国民谋幸福。

我们的文化落后，社会紊乱，不就由于这个极简单的原因么？这就是上文所谓“消沉”“无志气”。

“有志者事竟成”，无志者事难成。

不过“有志者事竟成”一句话就很容易发生误解。“志”字有几种意义：一是念头或愿望（Wish），一是起一个动作时所存的目的（Purpose），一是达到目的的决心（Determination）譬如登山，先起登的念头，次要一步一步地走，而这走必步步以登为目的，路也许长，障碍也许多，须抱定决心，不达目的不止，然后登的愿望才可以实现，登的目的才可以达到。

“有志者事竟成”的志，须包含这三种意义在内：第一要起念头，其次要认清目的和达到目的之方法，第三是抱必达目的之决心。

很明显的，要事之成，其难不在起念头，而且目的之认识与达到目的之决心。

有些人误解立志只是起念头。

一个小孩子说他将来要做大总统，一个乞丐说他成了大阔佬要砍他的仇人的脑袋，所谓“癞蛤蟆想吃天鹅肉”，完全不思量达到这种目的所必有的方法或步骤，更不抱定循这方法步骤去达到目的之决心，这只是狂妄，不能算是立志。

世间有许多人不肯学乘除加减而想将来做算学的发明家，不学军事学当兵打仗而想来做大元帅东征西讨，不切实培养学问技术而想将来做革命家改造社会，都是犯这种狂妄的毛病。

如果以起念头为立志，有志者事竟不成之例甚多。愚公尽可移山，精卫尽可填海，而世间确实有不可能的事情。

我们必须承让“不可能”的真实性。所谓“不可能”，就是俗语所谓“没有办法”没有一个方法和步骤去达到所悬想的目的。

没有认清方法和步骤而想达到那个目的，那只是痴想而不是立志，志就是理想，而理想必定是可实现的。

理想普通有两种意义。

一是“可望而不可攀，可幻想而不可实现的完美”，比如许多宗教都以长生不老作为人生理想，它成为理想，就因为事实上没有人长生不老。理想的另一意义是“一个问题的最完美的答案”，或是“可能范围以内的最圆满的解决困难的办法”。

比如长生不老虽非人力所能达到，而强健却是人力所能达到的。就人的能力范围来说，强健是一个合理理想。

这两种做法一个蔑视事实条件，一个顾到事实条件，一个渺茫无稽，一个有方法步骤可循。

严格地说，前一种是幻想、痴想而不是理想，是理想都必顾到事实。在理想与事实起冲突时，错处不在事实而在理想。我们必须接受事实，理想与事实背驰时，我们应该改变理想。

坚持一种不合理的理想而至死不变只是匹夫之勇，我特别着重这一点，因为有些道德家在盲目地说坚持理想，许多人在盲目地听。

我们固然要立志，同时也要度德量力。

卢梭在他的教育名著《爱弥儿》里有一段很透辟的话，大意是说人生幸福起于愿望与能力的平衡。一个人应该从幼时就学会在自己能力范围以内起愿望，想做自己所能做的事，也能做自己所想做的事。这番话出自浪漫色彩很深的卢梭，尤其值得我们玩味。

卢梭自己有时想入非非，因此吃过不少的苦头，这番话实在是经验之谈。许多烦闷，许多失败，起于想做自己所不能做的事，或是不能做自己所想要做的事。

志气成就了许多人，志气也毁坏了许多人。既是志，实现必不在目前而在将来。

许多人拿立志远大作借口，把目前应做的事延宕贻误。尤其是青年们欢喜在遥远的未来摆一个黄金时代，把希望全寄托在那上面，终日沉醉在迷梦里，让目前宝贵的时光与机会错过，徒贻后日无穷之悔。

我自己从前有机会学希腊文和意大利文时，买了许多文法读本，心想到 40 岁左右时当有闲暇岁月，许我从容自在地自修这些重要的文字，现在 40 过了几年了，看来这一生似不能与希腊文和意大利文有缘分了，那箱书籍也恐怕只有摆在那里霉烂了。

这只是一例，我生平有许多事要追悔，大半都像这样“志在将来”而转眼即空空过去。“延”与“误”永是连在一起，而所谓“志”往往叫我们由“延”而“误”。

所谓真正立志，不仅要接受现在的事实，尤其要抓住现在的机会。如果立志要做一件事，那件事的成功尽管在很远的将来，而那件事的发动必须就在目前一顷刻。

想到应该做，马上就做，不然就不必发下一个空头愿。发空头愿成了一个习惯，一个人就会永远在幻想中过生活，成就不了任何事业，听说抽鸦片烟的人想法最多，意志力也最薄弱。老是在幻想中过活的人在精神方面颇类似烟鬼。

我在很早的一篇文章里提出我个人做人的信条，现在想起，觉得其中仍有可取之处，现在不妨趁此再提出供读者参考。我把我的信条叫作“三此主义”，就是此身，此时，此地。

一、此身应该做而且能够做的事，就得由此担当起，不推诿给旁人。

二、此时应该做而且能够做的事，就得在此时做，不拖延到未来。

三、此地（我的地位、我的环境）应该做而且能够做的事，就得在此地做，不推诿到想象中的另一地去做。

这是一个极现实的主义。

脚踏实地，丝毫不带一点浪漫情调。我相信如果我们能够彻底地照着做，不至于很误事。

第7章

自信、积极地战胜人生的困难

真"心"英雄

向你身边的人问一下好，从而敞开了你尘封的心扉，原来交流是这样美好。

有些虚假的东西可以乱真，而人被它们欺骗无非只是判断的错误。

某晚，有位妇女在机场候机，在起飞之前她还有好几个小时的时间，她在机场商店里找到了一本书。买了一袋甜饼之后找个地方坐下。她沉浸在书里，却无意中发现，那个坐在她旁边的男人，竟然如此无耻，从他们中间的袋子里抓起一两块甜饼，她试着回避这件事，避免大发脾气。

当那个"偷饼贼"继续偷吃甜饼的时候，她越来越气愤。她每拿一块甜饼，他也跟着拿一块。当只剩一块时，他的脸上浮现出笑意，并且略带拘谨，抓起了最后那块甜饼，把它分成两半。他递给她半块，自己吃了另一半。她从他手中抢过半块饼，并且想道：啊，天哪，这个家伙居然有点紧张，但却很无礼，他为什么连感谢的话都不说一句？

当她的航班通知登机时，她如释重负般松了口气，收拾起自己的物品走向门口，拒绝回头看一眼那个"偷窃而且忘恩负义的人"。她登上飞机，坐好，然后寻找她那本快看完了的书。当她把手伸进行李，却因意外而紧张得透不过气来：她的包里有一袋甜饼！

那个无礼、志思负义的"偷饼贼"，恰恰是自己！

人常看到别人的缺点，却很难发现自身的错误。这也许是你最大的失望。其实人们往往能够战胜强大的敌人，却败给了自己，天下最强大的敌人，就在自己身上。

星期一早晨，像往常一样，我坐上了 151 路巴士。芝加哥的冬季，乘客都缩在厚厚的冬衣里，没有人对车窗外的街景感兴趣，单调的汽车马达声使车厢里显得十分沉闷。没有人说话，这似乎已经成为一条规矩。虽然大家都是老乘客，平时能经常见着，可彼此间从未打过招呼；人们似乎更愿意将自己的脸隐藏在一张报纸背后——尽管这只是薄薄一张纸，却隔断了人与人之间的往来。

当车驶到密歇根大街时，车厢突然有人大叫了一声："听着，大家都给我听着。"只听见报纸哗啦啦地响成一片。人们都吃惊地抬起了头。"我是司机，是我在对你们说话。"车厢里鸦雀无声，人人都看着司机的后脑勺。他是个年轻的黑人，但说话时却带着一种不容置疑的语气。

"把你们手中的报纸都收起来，统统放下！"他命令道。

人们顺从地将报纸折叠起来，放在了自己的膝盖上。

"现在，把脸转向你边上的人，大伙儿一起转。"

没有人吭声，所有的乘客都傻乎乎地按他的话做了。我边上是位老太太，我差不多每天都能见到她；此刻，我看着她，她也看着我，在等候司机的下一个吩咐。

司机这时犹如军事教官似的又下了一个指令："现在，大伙儿跟着我说——邻座，早上好！"

大伙儿像教室里的小学生一般，都跟着他和身边的陌生人说出了这一句话，显得颇为胆怯和羞涩；不过，它却让我们都露出了会心的微笑。人们都松了一口气，仿佛这普普通通的一句问候语，一下子缩短了人与人之间的距离，让我们解脱了一种时间上的束缚。我听到车厢里有些人在重复这声问候，还看到有人在互相握手，更多的人则在欢笑——这是我在 151 路巴士上从未听到过的笑声。

我抬头看了看我们的司机，他没有再说话，他也无须说话了。此刻他正聚精会神地驾驶着车辆，将车稳稳当当地行驶在熙熙攘攘的马路上，他似乎不知道，正是他，为我们带来了这星期一早晨的奇迹。

自信——任你东南西北风

自信吧，没有自信，活得好累。充实自己——风景这边独好。

俄罗斯杰出的思想家、文学家赫尔岑年轻时，有一次，他的一位女朋友请他去参加一个音乐会。音乐会没开始多长时间，赫尔岑就用双手堵起耳朵，低着头，满是厌倦之色。不久，他打起瞌睡来。

女朋友看到赫尔岑这样，很是奇怪，问他："难道你不喜欢听音乐吗？怎么音乐一响你就成了这副样子。"

赫尔岑摇了摇头，说："这种怪异、低级的乐曲有什么听头？"

"你说什么？"女朋友大叫起来，"天啊！你说这音乐低级？你知不知道，这是现在社会最流行的音乐！"

赫尔岑心平气和地问："难道流行的一定好吗？"

"那当然，不好的东西怎么会流行呢？"女朋友反问。

"那按你的意思，流行感冒也是好的喽！"赫尔岑微笑着回答。

女朋友顿时哑口无言。

一件事情的不同解释，往往可以带来完全不同的两种结果。

相传，以前有个书生，屡试不第。适逢开科，书生欲往应试。行前晚上，书生做了三个怪梦，大惑，不知功名是否有望，特地去找善于圆梦的岳母解说。登门，适逢岳母外出，姨妹接待说："小妹我亦能圆梦，姐夫但说无妨。有些难解之梦，母亲还来求我呢！"

书生犹豫片刻，说："我第一个梦是梦见我家的墙头上孤零零地长了一棵草。"

姨妹说："这是说你没有根基。"

书生又说："第二个梦，是梦见我戴着斗笠打伞。"

姨妹解释："这是说你多此一举。"

书生听了很扫兴。姨妹又问："第三个梦呢？"

书生便说："恐有冒犯，不说罢了。"

姨妹说："自家人面前，不必拘礼。"

书生说："第三个梦，是梦见我和一好背靠背睡在床上。"

姨妹瞪了书生一眼道："那是说你这辈子休想。"

书生听罢甚为懊恼，看来今生功名无望，悒悒而归。

行至半道，恰遇岳母，遂告之。岳母闻言大喜，连说好兆。书生不解，岳母回答说："第一个梦，墙头上孤零零地长了一棵草，是说你高人一等；第二个梦，戴着斗笠打伞，是说你官（冠）上加官（冠）。"书生眉头渐展，急忙问："第三个梦又作何解释呢？"岳母回答："那是说你总有翻身的时候。"

书生听了，喜至眉梢。立即收拾行李进京应试。

生命的路是自己的，怎么走，是你的选择。自信的人会毫无畏惧走向理想。

人生不等待弱者

人生永远不会等待弱者。等待的结果只有放弃或死亡。

两人结伴横过沙漠，水喝完了，其中一个中暑生病，不能行动。剩下这个健康而又饥饿的人对同伴说：“好吧，你在这里等着，我去寻找水源。”他把手枪塞在同伴的手里说：“枪里有 5 颗子弹，记住，3 个小时后，每小时对空鸣枪一声，枪声指引我，我会找到正确的方向，然后与你会合。”

两人分手，一个充满信心地去找饮水，一个满腹狐疑地卧在沙漠里等待。他看表，按时鸣枪。除了自己以外，他很难相信还会有人听见枪声。他的恐惧加深，认为那同伴已经找水失败，中途渴死。不久，又相信同伴能找到水，但会弃他而去，不再回来。

到应该击发第 5 枪的时候，这人悲愤地思量：“这是最后一颗子弹了，伙伴早已听不见我的枪声，等到这颗子弹用过之后，我还有什么依靠呢？我只有等死而已。而且，在一息尚存之际，兀鹰会啄瞎我的眼睛，那是多么痛苦，还不如……”他用枪口对准自己的太阳穴，扣动了扳机。

可是不久，那提着满壶清水的同伴领着一队骆驼商旅循声而至。他所找到的只是一具尸体。

人生难免会有许多不如意，不要相信别人快乐的一无所虑。只有傻子才会那样。人人都有本难念的经。

有两只老虎，一只在笼子里，一只在野地里。

在笼子里的老虎三餐无忧，在外面的老虎自由自在。两只老虎经常进行亲切地交谈。

笼子里的老虎总是羡慕外面老虎的自由，外面的老虎却羡慕笼子里的老虎安逸。一日，一只老虎对另一只老虎说：“咱们换一换。”另一只老虎同意了。

于是，笼子里的老虎走进了大自然，野地里的老虎走进了笼子里。从笼子里走出来的老虎高高兴兴，在旷野里拼命地奔跑；走进笼子里的老虎也十分快乐，他再不用为食物而发愁。

但不久，两只老虎都死了。

一只是饥饿而死，一只是忧郁而死。从笼子中走出的老虎获得了自由，却没有同时获得捕食的本领；走进笼子的老虎获得了安逸，却没有获得在狭小空间生活的心境。

人们都觉得别人比自己活得好，殊不知，各有各的幸福，关键是你用哪种心态面对希望，拥有屡败屡战的勇气！

对职业自信的态度

不管一个人选择的职业是什么，都不能丧失职业尊严，因为那是做人的尊严的延伸。

如果你工作五六年了，在岗位上没有任何存在感，就像一个人活着没有任何尊严可言，任何人都可以羞辱你、践踏你、替代你——你要专业没有专业，要态度没有态度，那你就是在混日子。

世界在发展变化，职场也需要不断洗牌，没有任何岗位可以保证让你五十年衣食无忧。

什么样的人不会失业？有职业的人不会失业。铁饭碗的意义不是端着一只碗一直有饭吃，而是走遍天下都有饭吃。

如果你够职业，就可以理直气壮地说“此处不留爷，自有留爷处”，而不是离开了原来的公司，你连找个混饭吃的地方都没有。

我特别喜欢这样的底气，这是一个足够专业、足够职业的人才具备的自信。那些说自己没有野心而不求上进的人，可能连基本的羞耻心都没有，做不好也不学，厚着脸皮天天都在混。

不尊重自己的职业，有一天，职业一定会狠狠地惩罚他。

一个人想要淡泊名利，想要云淡风轻不是不可以，而是你必须有资本才有资格去想。对很多人来说，这个资本就是两个字：职业。

一个人所在的岗位，不代表他的职业，他所从事的具体工作才是他的职业。

一个人的岗位可以在任何地方，只要他足够专业、敬业，任何地方都愿意给他舞台。

你有没有野心真的一点关系也没有，野心，对一个人来说应该是一种选择——你能够，但你不要，而不是你不能够，却自我安慰不稀罕。

不管你有没有野心，你都必须足够专业和敬业。

兵贵在自信

在困境中如果你认为自己真的失败了，那么你就会躺下来的，如果你对自己说“一定要坚持”，那么你就会走过险途获得胜利。

船在大海中遇上了突如其来的风暴，沉没了，全船人员死伤无数。他侥幸获得了一个小小的救生艇而幸免于难，他的救生艇在风浪中颠簸起伏，如同叶子一般被吹来吹去，他迷失了方向，救援人员也没有找到他。

天渐渐的黑下来，饥饿、寒冷和恐惧一起袭上心头。然而，他除了这个救生艇之外，一无所有，灾难使他丢掉了所有，甚至自己的眼镜，他的心情灰暗到极点，他无助地望着天边，忽然，他看到一片片阑珊的灯光，他高兴得几乎叫了出来。他奋力地划着小船，向那片灯光前进，然而，那片灯光似乎很远，天亮了，他也没有到达那里。

他继续艰难的划着小船，他想那里既然能看到灯光，就一定是一座城市或者港口，生的希望在他心中燃烧着，白天时，灯光看不清了，只有在夜晚，那片灯光才闪现，像对他招手。

3天过去了，饥饿、干渴、疲惫更加严重地折磨着他，好多次他都觉得自己快要崩溃了，但一想到远处的那片灯光，他又陡然添了许多力量。

第4天，他依然在向那片灯光划着，最后，他支持不住昏迷了过去了，但他脑海中依然闪现着那片灯光。

晚上，他终于被一艘经过的船只救了上来，当他醒过来时，大家才知道，他已经不吃不喝在海上漂泊了4天4夜，当有人问他，是怎么样坚持下来时，他指着远方的那片灯光说：“是那片灯光给我带来的希望。”

大家望去，哪里有什么灯光啊，那只不过是天边闪烁的星星啊！

在我们生命的旅途中，一定会遇到各种挫折和困境。这时，只要心头有坚定的信念，努力地去寻找，就一定会度过难关。

路在何方？路在脚下，不要指望谁会铺好路让你走过去。即使上了路你也会迷路。

一家烟草公司派推销员赴美国推销香烟。到美国后，正逢戒烟月，又是阴雨天气，广告也不让登。在这里等一个月，住旅馆的费用太多不说，运来的香烟也会全部霉变受损。正当推销员急得团团转的时候，忽然看到房间里“禁止吸烟”的标语。于是，他灵机一动，想出了一个“逆中求顺”的促销高招。他跑到当地一家有影响的报纸登了这样一则广告：“禁止吸烟，就连 ×× 牌香烟也不例外。”连登了 3 天，结果引起当地市民的极大兴趣。吸烟者心想：“连 ×× 牌也要禁止，是怎么回事？倒要试试 ×× 牌香烟有什么不同之处。”于是，推销员带来的香烟很快被抢购一空。

深圳一家公司的童车打入英国市场后，一次，由于该公司童车钢圈受压变形，致使一名爱尔兰女孩摔伤住进医院。在公司企划顾问的策划下，总经理立即亲自飞往伦敦，在主要媒体刊发启事，声明对所有售出的单车的质量安全负责，并对存货进行质量安全检验。当地媒体对此事给予了充分的关注和报道。结果，该公司在海外的信誉大增，次年英国代理商的订货增加了 8.5 万辆。

同样的事可能有多种方法解决，既赢得他人赏识，又给自己带来收获的两全齐美的对策才是我们真正要找的。

别被环境唬住了

人的快乐若只限于自己的享受，那是狭隘而短暂的，别被这样的快乐给唬住了。

在20世纪初，一家日本移民到了美国的旧金山。这里气候宜人，土地肥沃。他们整出一块地做苗圃，种植玫瑰花。花儿长得很好，他们每周3次开着小货车将花卉送到市场去卖，生意挺不错。

不久，一个来自瑞士的移民家庭做了他们的邻居。这家人也整出了一快地，种植玫瑰花，并拿到市场去卖，生意也很好。两家的玫瑰花在旧金山市场都是出了名的。

两家人和睦相外，做了40年的邻居。父母去世后，儿子们接替了他们的活计。

但在1941年9月7日，日本偷袭了珍珠港，美国对日宣战。美国公布了《战时安全法》，将日本侨民全部清查并拘留。

这家日本人的后代虽已成了美国公民，但因其老父亲仍保留了自己的国籍，所以也没能例外。

在这家日本人被遣送前，他们的邻居前来探望并说："别担心，我们一定会照看好你家的苗圃。"

这家日本人被送到科罗拉多州哥瑞纳达的一片荒芜的山丘，住进了油毡顶的简陋的房子，在空荡荡的大院子四周，是铁丝网和持枪的哨兵。

一年、两年、三年过去了，他们的邻居一直在苗圃里耕耘，孩子们放学后都要去苗圃松土、浇水；为了照看好两个大苗圃，孩子们的父亲每天要干十六七个小时……

终于有一天，在1945年5月，德国人投降了，二战就要结束了，这家日本人收拾了简单的行装，登上了回家的火车。

在火车站，手捧鲜花的老邻居一家人满面笑容地迎接他们。

当他们接近自己几年没见的苗圃时，一股花香扑鼻而来；这家日本人惊呆了，苗圃仍像当年那样花朵艳丽，土地松软湿润，无数的蜜蜂在花丛中飞旋。

他们的家中仍是那样一尘不染，在餐桌上，一大瓶含苞欲放的红玫瑰散发出醉人的幽香……

常言道，“境由心生”，又说“心本无生因境有”。总之，快乐是一种心理状态。内心坦然，则无往而不乐。

吃饭睡觉，稀松平常之事，但是其中大有道理。

《顿悟入道要门论》有言：“有源律师来问：‘和尚修道，还用功否？’师曰：‘用功。’曰：‘如何用功？’师曰：‘饥来吃饭，困来即眠。’曰：‘一切人总如是，同师用功否？’师曰：‘不同。’曰：‘何故不同？’师曰：‘他吃饭时不肯吃饭，百种须索，睡时不肯睡，千般计较。所以不同也。’律师杜口。”可是修行到心无挂碍，却不是容易事。我认识一位唯心论的学者，平素倡言意志自由，忽然被人绑架，系于暗室十有余日，备受凌辱，释出后他对我说：“意志自由固然不诬，但是如今我才知道身体自由更为重要。”常听人说烦恼即菩提，我们凡人遇到烦恼只是深感烦恼，不见菩提。

快乐是在心里，不假外求，求即往往不得，转为烦恼。叔本华的哲学是：苦痛乃积极的实在的东西，幸福快乐乃消极的、根本不存在的东西。所谓快乐幸福乃是解除苦痛之谓。没有苦痛便是幸福。

再进一步看，没有苦痛在先，便没有幸福在后。梁任公先生曾说：“人生最快乐的事，莫过于看着一件工作的完成。”在工作过程之中，有苦恼也有快乐，等到大功告成，那一份“如愿以偿”的快乐便是至高无上的幸福了。

有时候，只要把心胸敞开，快乐也会如期而至。这个世界，这个人生，有其丑恶的一面，也有其光明的一面。良辰美景，赏心乐事，随处皆是。智者乐水，仁者乐山。

雨有雨的趣，晴有晴的妙，小鸟跳跃啄食，猫狗饱食酣睡，哪一样不令人看了觉得快乐？就是在路上，在商店里，偶尔遇到一张笑容可掬的脸，能不令人快乐半天？有一回我住进医院里，僵卧了十几天，病愈出院，刚迈出大门，陡见日丽中天，阳光普照，照得我睁不开眼，又见市廛熙攘，光怪陆离，我不由得从心里欢叫起来："好一个艳丽盛装的世界！"

"幸遇三杯酒美，况逢一朵花新？"我们应该快乐。

自信心是成功原动力

没有自信心，好比没有气的皮球，怎么拍也拍不起来，谁还会拿去比赛。

一个经理，他把全部财产投资在一种小型制造业上。由于世界大战爆发，他无法取得他的工厂所需要的原料，因此只好宣告破产。金钱的丧失，使他大为沮丧。于是，他离开妻子儿女，成为一名流浪汉。他对于这些损失无法忘怀，而且越来越难过。到最近，甚至想要跳湖自杀。

一个偶然的机会，他看到了一本名为《自信心》的小书。这本书给他带来勇气和希望，他决定找到这本书的作者，请作者帮助他再度站起来。

当他找到作者，说完他的故事后，那位作者却对他说："我已经以极大的兴趣听完了你的故事，我希望我能对你有所帮助，但事实上，我却绝无能力帮助你。"

他的脸立刻变得苍白。他低下头，喃喃地说道："这下子完蛋了。"

作者停了几秒钟，然后说道："虽然我没有办法帮助你，但我可以介绍你去见一个人，他可以协助你东山再起。"刚说完这几句话，流浪汉立刻跳了起来，抓住作者的手，说道："看在老天爷的份上，请带我去见这个人。"

于是作者把他带到一面高大的镜子面前，用手指着镜子说："我介绍的就是这个人。在这世界上，只有这个人能够使你东山再起。除非坐下来，彻底认识这个人，否则，你只能跳到密歇根湖里。因为在你对这个人作充分的认识之前，对于你自己或这个世界来说，你都将是个没有任何价值的废物。"

他朝着镜子向前走几步，用手摸摸他长满胡须的脸孔，对着镜子里的人从头到脚打量了几分钟，然后退几步，低下头，开始哭泣起来。

几天后，作者在街上碰见了这个人，几乎认不出来了。他的步伐轻快有力，头抬得高高的。他从头到脚打扮一新，看来是很成功的样子。"那一天我离开你的办公室时，还只是一个流浪汉。我对着镜子找到了我的自信。现在我找到了一份年薪 3000 美元的工作。我的老板先预支一部分钱给家人。我现在又走上成功之路了。”他还风趣地对作者说：“我正要前去告诉你，将来有一天，我还要再去拜访你一次。我将带一张支票，签好字，收款人是你，金额是空白的，由你填上数字。因为你介绍我认识了自己，幸好你要我站在那面大镜子前，把真正的我指给我看。”

人是一种有理想、有目标、有追求的高级动物。生活的态度是人格的温度控制器，其好坏足以影响人生的成败。积极的人生态度，是迈向美满成功的跳板。

人生的方向是由“态度”来决定的，其好坏足以左右我们构筑的人生的优劣。积极的人生态度是成功的催化剂，它使人格变得温暖活泼，富有弹性；使人充满进取精神，充满冲劲和抱负，即使遭遇困难，也可以获得帮助，事事顺心。

相反，消极的、冷漠的人生态度则会使人格变得萎靡、阴郁、懒惰，使人觉得周围处处都是障碍，都是不友好的眼光，最终使自己遭遇失败。人生态度是后天的，消极的人生态度并非先天遗传，并非不治之症，完全有可以加以纠正。

正确地对待生活中的事情。相信人生充满乐趣，常微笑，避免愁眉苦脸，会令你怀有希望，从内心产生信心，使你一夜之间判若两人。下面是培养积极心态的几个方式，供你参考：

早晨起床后，就要决心过愉快的一天，下决心不要为琐事烦心，必须提醒自己记住情绪的力量非常大。如果在愉快、积极的气氛中醒来，加上潜意识的作用，一天的心情都会感到舒畅。若因无谓的事而烦恼、不愉快时，应赶紧注意纠正。

走路时，不要两眼看着地面，应该抬头挺胸，昂首阔步，断不可妄自菲薄。要祛除孤立的心态，毅然钻出象牙塔，和外界打成一片，这样就会看到充满幸福、亲切、爱情、希望的美好事物。这时你会发现，在污秽的街上居然长着一棵漂亮的树，街角的修鞋匠雄心勃勃、充满希望，即使老找你麻烦的上司也有他好的一面，万事都显得那么美好。

振作精神，不要做“没办法”的人。无论怎么困难的工作，都应认真思考解决的办法，不可推脱敷衍，不可怕麻烦，不要把时间浪费在无谓的担忧上，不要替自己找寻借口。要知道，成功的哲学在于“天下无难事”。

假如无意中做下傻事，没有必要因此捶胸顿足，不要气馁。事情没做好，用不着找借口，这样做并不能改变事实，而应力求下一次把事情做得更好。为此应该接受别人善意的批评，把它看成一种激励的力量，不应心存芥蒂，产生抵触情绪。

不要故意给人难堪，不可对人吹毛求疵，而应处处与人为善，否则别人也会给你脸色看。

应去发现别人的优点，多替人着想。圣贤曾说“与其因怀疑而招致误会，不如没有疑心而被骗”，相信别人，别人也会相信你。

人往往在不知不觉中，受到别人的影响。择友务必慎重，最应该交的朋友是有干劲、态度乐观爽朗、处事练达的人。

不要被权威左右

自己不尊重自己，任何人也不会尊重你。

世界著名交响乐指挥家小泽征尔在一次欧洲指挥大赛的决赛中，按照评委会给他的乐谱在指挥演奏时，发现有不和谐的地方。他认为是乐队演奏错了，就停下来重新演奏，但仍不如意。

这时，在场的作曲家和评委会的权威人士都郑重地说明乐谱没有问题，而是小泽征尔的错觉。

面对着一批音乐大师和权威人士，他思考再三，突然大吼一声：“不，一定是乐谱错了！”话音刚落，评判台上立刻报以热烈的掌声。

原来，这是评委们精心设计的圈套，以此来检验指挥家们在发现乐谱错误并遭到权威人士“否定”的情况下，能否坚持自己的正确判断。前两位参赛者虽然也发现了问题，但终因趋同权威而遭淘汰。小泽征尔则不然，因此，他在这次世界音乐指挥家大赛中摘取了桂冠。

没有智慧不行，没有勇气也不行。谁也不敢说有智慧的人一定有勇气；但缺少智慧的人，大约也没有勇气，或者其勇气亦是不足取的。

怎样是有勇气？不为外力所慑，视任何强大势力若无物，担负任何艰巨工作而无所怯。譬如：军阀问题，有的人激于义愤要打倒它；但同时更有许多人看成是无可奈何的局面，只能迁就它，自觉无拳无勇的人，能有什么办法呢？此即没有勇气。没勇气的人，容易看重既成的局面，往往把既成的局面看成是不可改的。说到这里，我们不得不佩服孙中山先生，他真是一个有大勇的人，竟然想推翻二百多年大清帝国的统治。没有疯狂的野心巨胆，是不能作此想的。然而没有智慧，则此想亦不能发生。他何以不为强大无比的清朝所慑服呢？他并非不知其强大，但同时他知此原非定局，而是可以变的。他何以不自看渺小？

他晓得是可以增长起来的。这便是他的智慧。有此观察理解，则其勇气更大。而正唯其有勇气，心思乃益活泼敏妙。智也，勇也，都不外其生命之伟大高强处，原是一回事而非二。反之，一般人气慑，则思呆也。

没有勇气不行。无论任何艰难巨大的工程，你总要“气吞事”，而不是被事慑着你。

知难而进

做成一件事并不难，难的是没意志，怕吃苦。

一个人想学打猎，找到一个有经验的老猎人做老师。他向老猎人说：“人必须有一技之长，在许多职业里面，我选中的是打猎。我很想持枪到树林里去，打到我想打的鸟。”于是老猎人检查了那个徒弟的猎枪，枪是一把好枪，徒弟也是一个有决心的徒弟，就告诉他各种鸟的性格，以及有关瞄准和射击的知识，并且嘱咐他必须寻找各种鸟去练习。

那个人听了老猎人的话，以为只要知道如何打猎就已经能打猎了，于是他持枪来到树林。但当他一进入树林，还没有举起枪，鸟就飞走了。

于是他又来找老猎人，他说：“鸟是机灵的，我没有看见它们，它们先看见我，等我一举起枪，鸟早已飞走了。”

猎人说：“你是想打那不会飞的鸟吗？”

他说：“说实在的，在我打鸟的时候想，要是鸟不会飞该多好啊！”

猎人说：“你回去，找一张硬纸，在上面画一只鸟，把硬纸挂在树上，朝那鸟打，你一定会成功的。”

那个人回到家，照老猎人说的做了，试验着打了几枪，却没有一枪能打中，只好又去找猎人。他说：“我照你说的做了，可还是打不中画中的鸟。”老猎人问他什么原因，他说：“可能是画太小，也可能是距离太远。”

老猎人沉思一会，向他说：“对你的决心，我很感动。你回去，把一张大一些的纸挂在树上，朝那一张纸打，这一次你会成功的。”

那人很忧虑的说：“还是那个距离吗？”

猎人说：“由你自己决定。”

那人又问：“那纸上还是画着鸟么？”

猎人说："不。"

那人苦笑了，说："那不是打纸吗？"

猎人很严肃地说："我的意思是，你先朝着纸只管打、打完了，就在有孔的地方画上鸟，打几个孔，就画几只鸟——这对你来说，是最有把握的了。"

一位爱子心切、望子成龙的父亲，每天担心他的孩子不爱读书，不好好读书。孩子一回家便马上板起面孔指责他，甚至连他每天说教的内容都是一样的。没有鼓励，没有协助，更没有诱导。看不出孩子的希望、前途和新的发展空间。他最后绝望了、疲惫了，亲密无间的家庭气氛也消失得无影无踪了。既然孩子不善于念书，那就引导他学一技之长吧！但这个父亲执着于"念书才有前途"的观念，看不出学一技之长也是实现幸福人生的途径之一。如果孩子对读书没有兴趣，你作为家长又不支持他、鼓励他学一技之长，这孩子不就走投无路了吗？不必徒劳地为孩子的前途担心。你所要做的只是鼓励他对自己负责。现在好好学一技之长，说不定有一天他又想回学校学习知识了呢。那时候，他知道自己需要什么，内心产生对知识的渴求，自然会对读书有兴趣。你现在非要强迫他升学念书，不但会使他产生对读书的厌恶，亲子之间的感情也遭到了破坏，读书的机会就更少了。过度的执着使自己失去教育的原则性，扼杀孩子的自我发现之心，切断他的自我实现的道路。过度执着，心理奴隶就会让人失去创意，失去清醒，它让我们丢失正确的回应而陷入困境。

有一位女士娘家有亲人过世，婆婆一本正经地告诉她："你们夫妻俩不能回娘家，丧宅有阴气，对你们不利。"人们在听到她说之前已经回家好几次了，一切平安无事，自从听了婆婆的话，丈夫开始禁止她回娘家。两个人为这件事争执了起来，闹得一夜都没有睡好。到了第二天早上，丈夫说："你看，晦气真的影响到我们家了。它让我们吵，让我们夫妻不和。"她没有回答，也没有再说什么，只是提醒自己，丈夫已经成了婆婆那句话的"心理奴隶"。她决定不说破，只是偷偷地回娘家省亲。事过一年后，她才告诉先生说："人最怕迷信和过分执着，这会导致思想上的压力。你当时把吵架的原因归结在丧宅的晦气上是不对的。"于是，她把一年前偷偷回家的事，婉转地告诉了先生。"这一年来，我们不是和睦相处，一点气也没有吗？"先生静静地听完她的话，沉默片刻，接下去说："太太！你说得对。在争吵之后，我也进行深深地反省。其实那几天，我也偷偷地探望了你的娘家呀！”

这对夫妻是从过分压力中解脱出来，摆脱了心理奴隶的人。她说：“每一个人都有生有死，我们不能简单地把生归结为阳，把死归结于阴，生死都是人生自然的事。真正的问题是我们用慈悲之心迎生送死，从中看清生命，体验人性的温暖。我们要在生死之中生活得自由自在，不是执着在生死之中产生压力和恐惧。”

懊丧万事俱灰，不是吗？

懊丧是人自觉言行不满而产生的一种不安情绪。它是一种心理上的自我指责、自我的不安全感和对未来害怕等几种心理活动的混合物。

懊丧成习的人绝不是个“马大哈”，他没学到“马大哈”对人对己的办法，不会得过且过，也不能对人对己都马马虎虎，相反，处事谨慎，处处提防自己行为不要出格。一旦行为失检，总是害怕大难临头。同时，懊丧的人也有很强的“良心”自控力，即使没有什么严重后果，他也决不饶恕自己。

容易懊丧的人是与世无争的好人。他们心地善良，洁身自好，习惯在处事中忍让、退缩、息事宁人，常常是生活中的弱者，生性胆小、怯懦。他不仅对自己的言行不检“负责”，甚至对别人的过错也“负责”。明明是别人瞪了自己一眼，他也会立即觉得自己肯定做了不好的事。

极端懊丧的人常用反常性的方法保护自己。越是怕出错，越是将眼睛盯在过错上。一句话会后悔半天，人家并未介意的事他也精神过敏。他对人际冲突极为恐惧，解决人际冲突的办法也很奇怪。自己的孩子被人家打了，他还跟着打自己的孩子，因为孩子给自己惹是生非。

与别人发生冲突，在对方恃强要挟之下，他会当众打自己耳光，以求宽恕。同时用这种办法来平衡自己的苦闷，“因为我该打，打了自己才心安理得”。

平常的人也有懊丧情绪。表现事情发生后的自我检查，总结不足，找出不足的原因，从而在以后的行动中作积极地调整。就这一点来说，人人都会有懊丧，它是人类进步的校正器。但极端的懊丧却是心理不健康的表现，必须进行适当调适。

人们经常不自觉地用一种刀子来刻画自己的形象，“因为我是忠厚无能的人，所以我能忍气吞声，宁愿伤害自己也不指责对方”。这种形象一旦刻画成功，品尝“后悔”的苦酒就成为一种自我安慰的享受。习惯成自然，一事过后，不是寻求胜利的喜悦，而是寻觅不幸与失误。只有打破这种感情体验的习惯，才能克服懊丧。

开朗的人的特点是把眼光盯在未来的希望上，把烦恼抛在脑后。只要让更具有意义的事占据你的脑海，你的心就会亮堂一点。

有的人害怕行为失误给自己带来危险，其实真正危险的不是危险本身，害怕危险的心理，比危险本身还要可怕一万倍。

运动场上的胜利者，常常面带笑容，这就是因为他这时陶醉在优越感里。当我们观赏滑稽故事或相声时，也都会被引得哈哈大笑起来。

如果你能积极利用这种笑的效果，则可医治因失败而产生的悲观和心理的紧张，甚至可将绝望感吹得无影无踪。怪不得有许多人在怏怏不乐时，就会跑到游乐场所去调剂一下情绪。同样地，如果在忧郁的时候，读一读身旁的漫画或幽默小说，心情也立刻会开朗起来，甚至干劲十足。换句话说，利用外界的刺激，来引发自己大笑，便会使自己恢复优越感或自信心。

同样地，不管想尽什么办法，都不易把忧郁症消除殆尽。在这种情况之下，最有效的办法，莫过于先创造一个令人发笑的环境。

不愉快的心情常会因阅读幽默小说或漫画，而在不知不觉中开朗起来，当然，斗志也跟着旺盛起来。

信用是成功的基础

信是一个重要道德。在中国的道德哲学中，信是五常之一。所谓常者，即调永久不变的道德也。

一个社会之能以成立，全靠其中的人们的互助。要互助，须先能互信。例如我们不必自己做饭，而即可有饭吃，乃因有厨子管我们做饭也。在此方面说，是厨子助我们。就另一方面说，我们给厨子工资，使其能养身养家，是我们亦助后于。此即互助。有此互助，必先有互信。我们在此工作，而不忧虑午饭之有无，因为我们相信，我们的厨子必已为我们预备。我们的厨子为我们预备午饭，因他相信，我们于月终必给他工资。此即互信。若我们与厨子中间，没有此互信，若我们是无信的人，厨子于月终，或不能得到工资，则厨子必不干；若厨子是无信的人，午饭应预备时不预备，则我们必不敢用厨子。互信不立，则互助即不可能，这是显而易见的。

如果无信，社会上即没有人敢与他共事，亦没有人能与他来往。如果社会上没有人敢与他来往，共事，他即不能在社会内立足，不能在社会上生活了。反过来说，如一个人说话向来不欺人，他说要赴一约会，到时一定到。他说要还一笔账，到时一定还。如果如此，社会上的人一定都愿意同他来往，共事。这就是他做事成功的一个必要的条件。譬如许多商店都要虚价。在这许多商店中，如有一家，真正是“货真价实，童叟无欺”。这一家虽有时不能占小便宜，但愿到他家买东西的人，必较别家多。往长处看，他还是合算的。所以西洋人常须“诚实是最好的政策。”

所谓自觉心，简言之，即自觉有何长处，便当极力保存而更发扬光大；自觉有何短处，便当全力避免而更奋发有为。自觉心所以能成为进步之母者，即在乎此。若自觉有所短而存着自贱的心理，便是自甘永居卑劣的地位，所得的结果是颓废，不是进步。

诚实守信，素来被中华民族视为优秀的文化传统继承了下来，所以自古以来，中国人都十分注重讲信用、守信义。清代顾炎武曾赋诗言志：“生来一诺比黄金，哪肯风尘负此心。”表达了自己坚守信用的处世态度和内在品格。因此，中国人不管是历代君王，还是平常百姓历来把守信作为齐家治国、为人处世的基本品质，言必信，行必果。

第8章

踏实与正直是一种品德

踏踏实实做人，诚诚实实办事

用你的踏实和诚实表现你的“富有”，行动起来！

有一个小寓言，讲得异常深刻——甲乙两人死后来到阴曹地府，阎王查看过功德簿后说：

“你二人前世未做大恶，准许投胎为人。但是现在只有两种人可供选择：付出的人与索取的人，也就是说，一个必须过付出、给予的人生，另一个则必须过索取、接受的人生。”

然后要他俩慎重选择。

甲暗忖，索取、接受就是坐享其成，太舒服了，于是他抢先道：

“我要过索取、接受的人生！”

乙见此情景，也没有别的选择，就表示甘愿过付出、给予的生活。

阎王听其所愿，当下判定二人来世前途：

“甲过索取、接受的人生，下辈子当乞丐，整天向人索取，接受别人施舍。”

“乙过付出、给予的人生，来世做富翁，布施行善，帮助别人。”

从实际出发，脚踏实地，才会走下去，才会捕到“大鱼”。

有个渔夫整日打渔，以此为生。有一天，他运气不佳，忙活了一整天，只网到了一条小鱼，而且小鱼还劝他另做决定：“渔夫，你放了我吧，看我这么小，也不值钱，你要是把我放回海里，等我长成一条大鱼，到那时你再来捉我，不是更划算吗？”渔夫说：“小鱼，你讲得挺有道理，但是我如果用眼前的实利去换取将来不确切的所谓‘大利’，那我恐怕就太愚蠢了。”

要知道，大海可不是渔夫自家的池塘。想什么就捞什么，所以切切实实地珍惜每一分收获是很重要的，只有脚踏实地，方可站得更牢。

正直是尺子

什么人活着最累？没主见的人，被人整天牵着鼻子走，确实可怜。

在一个炎热的日子，父亲带着儿子和一头驴走过满是灰尘的街。

父亲骑在驴上，儿子牵着它走。“可怜的孩子。”一位路人说道，“这个人怎能心安理得地骑在驴背上？”父亲听到之后，就从驴背上下来让儿子坐上去。但走了没多久，又一位路人的声音传来：“多么不孝！可怜的老父亲却在一旁跟着跑。”小孩子听了之后连忙让父亲也坐到驴背上来。“你们谁见过这种事？”一位妇女说道，“这么残酷地对待动物，可怜的驴子的背在下陷，而这个老家伙和他的儿子却优哉游哉。”

结果这父子俩只好从驴背上爬下来。但是，他们徒步走了没多远，又一个陌生人笑着说：“我才不会这么蠢，放着好好的驴不用，却要用脚来走。”

最后，人们看到一对父子扛着一头驴从街上走过。

清白总是会被澄清的。只要你是清白的。在某国，有两个妇女为争夺一个婴儿投诉到国王那里。在国王面前，两个女人陈述了自己的各种理由，看起来，似乎双方的理由都很充足，很难断定婴儿是谁的。国王沉思了片刻，摇了摇头，对两位妇女说道：“你们二人相持不下，本王也被你们弄糊涂了，我不能断定这婴儿是谁的。这样吧，既然你们已告到我这里了，我就允许抢这婴儿，谁抢到就是谁的。”说完，便命大臣将婴儿放在一张桌子上，两个女人分站两侧，各抓住婴儿的一只手。随着国王一声令下，一个妇女赶紧抓着小儿的手，把婴儿拉向自己一边，另一个妇女却松开手，放婴儿过去了。国王见状，立即做出决断，对那夺走孩子的女人呵斥道：“你想夺走人家的骨肉，还不从实招来？”果然，那女人服罪了。

原来国王深知孩子的母亲对孩子的关心不一样，就安排了上述表演，让那冒充的女人自露马脚。

身正不怕影子歪，是真的就要坚持，是邪恶就要抛弃，做个堂堂正正的人。

默默无语更精彩

只有那些在风雨中走过的人们，才知道痛苦和快乐究竟意味着什么。那泥泞中留下的两行印迹，证明着他们的价值。

鉴真大师刚刚遁入空门时，寺里的主持让他做了谁都不愿做的行脚僧。

有一天，日已三竿了，鉴真依旧大睡不起。主持很奇怪，推开鉴真的房门，见床边堆了一大堆破破烂烂的瓦鞋。主持叫醒鉴真问："你今天不外出化缘，堆这么一堆破瓦鞋做什么？"

鉴真打了个哈欠说："别人一年一双瓦鞋都穿不破，我刚剃度一年多，就穿烂了这么多的鞋子。"

主持一听就明白了，微微一笑说："昨天夜里落了一场雨，你随我到寺前的路上走走看看吧。"

寺前是一座黄土坡，由于刚下过雨，路面泥泞不堪。

主持拍着鉴真的肩膀说："你是愿意做一天和尚撞一天钟，还想做一个能光大佛法的名僧？"

主持捻须一笑："你昨天是否在这条路上走过？"鉴真说："当然。"

主持问："你能找到自己的脚印吗？"

鉴真十分不解他说："昨天这路又宽又硬，哪能找到自己的脚印？"

主持又笑笑说："今天我在这路上走一趟，你能找到你的脚印吗？"鉴真说："当然能了。"

主持听了，微笑着拍拍鉴真的肩说："泥泞的路才能留下脚印，世上芸芸众生莫不如此啊。那些一生碌碌无为的人，不经历风雨，就像一双脚踩在又宽又硬的大路上，什么都没有留下。"

鉴真恍然大悟。

想要站在山峰顶端是最不安稳的。在心理上，从高高的马背下到地面，你会感到更安稳。

一支冠军的队伍再也没什么可争取的，它只要处于防卫的地位即可。冠军者的防卫是为了要保有，有劣势者的奋斗则是为了要争取，结果前者往往招来宝座的翻覆。

一位拳击家，他得到冠军之前一向表现得很好，但冠军之后的下一回比赛里，他就输掉了，而且表现非常糟糕。他失去宝座之后，却又打得很好，并且再度争回宝座。一位明智的人叮嘱他："不管你是挑战者还是卫冕者，只要能记住一件事情，就能表现得一样出色：当你踏进圈内，你就不再是为宝座卫冕，而是为了争取宝座。你爬过绳圈时，宝座就摆在中央线，它已经不在你身上了。"

酿成不安稳的那种心理状态本身就是一种"方法"，是以虚伪造作代替真实的一种方法，是一种对自己、对别人表现卓越的方法，但是，这是自欺欺人的方法。如果你现在已经完美卓越，你就不需要奋斗、挣扎、尽力了。

事实上，如果你不得不卖力，这就足以证明你并不卓越。万一你在这场奋斗中输了，你的意志会替你争回来，你不必"勉强行事"。

良知是经得起火炼的真金

一个没有才能和良知的人，充其量做一点蝇头小利的事，终不能成为巨匠。

西班牙著名的画家穆律罗（1618—1682）经常发现他学生的油画布上总有未完成的素描，画面相当协调，笔触极为灵动。然而这些草图通常都在深夜留下，一时无法判定作者为谁。

一天早晨，穆律罗的学生陆续来到画室，聚集在一个画架前，不由得发出惊讶的赞美声。油画布上呈现着一幅尚未完成的圣母玛利亚的头部画像，优美的线条，清晰的轮廓，许多笔触无与伦比。穆律罗看后同样震惊不已。他挨个询问学生，探查究竟谁是作者。可学生都遗憾地摇头，穆律罗感慨地赞叹道："这位留画者总有一天会成为我们所有人的大师。"他回头问站在身旁颤抖不停的年轻奴仆："塞伯斯蒂，晚上谁住这儿？"

"先生，除我之外……别无他人。"

"那好，今天晚要特别留神。假如这位神秘的造访者大驾光临而你又不告诉我，明天你将受罚 30 鞭。"

塞伯斯蒂默默屈膝，恭顺而退。

那天晚上，塞伯斯蒂在画架前铺好床铺，酣然入睡。次日凌晨钟鸣三响，他倏然从床铺上蹦起来，抓起画笔在画架前就座，准备涂掉前夜的作品。塞伯斯蒂提笔在手，眼看画笔即将落在画上时却凝然不动了。他呼喊道："不！我不能，绝不涂掉！让我画完吧！"

一会儿，他进入了画画的境界：时而点缀点色彩，时而添上一笔，然后再配上柔和的色调。3 个小时不知不觉悄然而逝。一声轻微的响声惊动了塞伯斯蒂。他抬头一看，穆律罗和学生们静悄悄地站在周围！晨底从窗户中透进，而蜡烛仍在燃烧。

天亮了，塞伯斯蒂依然是个奴仆。所有的人目光都投向塞伯斯蒂，流露出热切的神情。他双眼低垂，悲切地低下头。

“谁是你的导师，塞伯斯蒂？”

“是您，先生。”

“我是问你的绘画导师？”

“是您，先生。”

“可我从未教过你。”

“是的。但您教过这些学生，我聆听过。”

“噢，我明白了。你的作品相当出色。”

穆律罗转身问学生们：“他该受惩罚还是应得奖励？”

“奖励！先生。”学生们迅速回答。

“那么奖励什么呢？”

有的提议赏给一套衣服，有的说赠送一笔钱，这些无一打动塞伯斯蒂的心弦。有个学生说：“今日先生心情愉快，塞伯斯蒂，请求自由吧。”

塞伯斯蒂抬头望着穆律罗的脸庞：

“先生，请给我父亲自由！”

穆律罗听后深为感动，深情地对塞伯斯蒂说：

“你的画笔显露出你的非凡才能；你的请求表明你心地善良。从现在起，你不再是奴仆，我收你为我的儿子，行吗？……我穆律罗多幸运啊，竟然造就出一位了不起的画家！”

时至今日，在意大利收藏的名画中，仍能看到许多穆律罗和塞伯斯蒂笔下的优美作品。

真金不怕火炼，才能使善良的塞伯斯蒂成了一名伟大的画家，而这些也正是我们每个人成功所必备的。

在美国南北战争期间，有位姑娘找到林肯，要求总统开一张去南方的通行证。

林肯说：“战争正在进行，你去南方干什么？”

姑娘说：“去探亲。”

“那你一定是个北方派，你去劝说一下你的亲友们，让他们放下武器。”林肯高兴地说。

那姑娘说：“不！我是个南方派，我要去鼓励他们，要他们坚持到底，绝不失望。”

林肯很不高兴，“你来找我干吗？你以为我能给你通行证吗？”

姑娘沉着地说：“总统先生，我在学校读书时，老师就给我们讲诚实的林肯的故事，从此，我便下定决心要学习林肯，一辈子不说谎。我不能为了一张通行证而改变自己说话做事都要诚实的习惯。”

林肯被姑娘诚挚的话打动了，“好吧，我给你开一张。”说着，在一张卡片上写下了这样一行字：“请让这位姑娘通行，因为她是一位信得过的姑娘。”

没有人不喜欢真诚，如果生活中能再多一些真诚，少一些虚伪，世界应该会更美！

事实胜于雄辩

事实是最有力的说服工具，如果你想成为胜者请用事实说话。

1943 年 3 月的一天，艾森豪威尔将军命令巴顿接替弗雷登·多尔将军，去指挥突尼斯的美国第二军。

一次，巴顿为了整顿军纪，发出了“头盔上必须标明军衔”的命令。然而，一名资历很深的老上校却拒绝执行命令，他认为，在头盔上印老鹰等于向敌人提供射击目标。由于他的想法许多军官也不标明军衔了。整个第二军士兵身上穿着各式各样的服装，纪律十分松弛，见到长官既不敬礼，也不叫一声长官。

巴顿先找到了这位老上校，老上校却争辩说：“我常到前线去，头盔上标明军衔无疑为敌人提供射击靶子，如果我死了，就不能为你和我的部队服务了。”

巴顿听后笑了笑说：“上校先生，上我的车，到前线看看，你就会发现，你的看法是不对的！”一到前线，士兵们立刻认出了车上的巴顿将军，他们放下了手中的工作向他立正敬礼，向他欢呼。这时老上校才发现，巴顿的头盔、双肩的和领子两旁，以至吉普车上标有二星标志。巴顿边向士兵们还礼边对老上校说：“他们指望你来领导他们，但你不佩戴军衔标志，他们对你就若无其人，你起不到领导作用。一名指挥官应在部队前面指挥士兵，即使战死也在所不辞。士兵们一定得知道谁是他们的指挥官，戴上你的军衔标志吧！”老上校听后，心悦诚服地说：“巴顿将军，您说得对！我立即照办。”

面对老上校的偏见，巴顿既不是长篇大论地反驳，也不是用命令的方式，而是要他乘上车看一看实际情况。这样，事实就把顽固的老上校说服了。

待人应以诚信为本。不虚美，不隐恶，有一是一，有二是二。

晋朝的王述成名较晚，当时人们都说他是傻子。丞相王导因为他是东海内史王承的儿子，就征召他做属官。大家经常聚集在一起谈天。王导每次讲话，许多人都争着赞美他。坐在下席的王述说："丞相又不是尧舜，怎么能什么都对呢？"对此王导非常赞赏。

宋朝丞相张知白向朝廷推荐年轻的晏殊。朝廷召晏殊来到宫殿，正逢真宗皇帝御试进士，就命令晏殊参加考试。晏殊见到试题后说："这首赋我在十天前已作过，请皇上另出别的试题。"他的诚实博得了真宗的喜爱。之后，晏殊担任了馆职。有一天，太子东宫缺官，内延批示授晏殊担任。主事官不知道是何原因，第二天皇上对他说："近来听说馆阁里的巨僚，没有一个不宴乐玩赏的，只有晏殊埋头读书，如此谨慎持重，正可以担任东宫官。"晏殊接受了任命，皇上又当面向他说明任命他的原因。晏殊听了后，说："臣下不是不喜欢宴乐和游玩，只不过是因为贫穷玩不起啊。臣下如有钱，也想去玩的。"皇上对他的诚实倍加赞赏。宋仁宗时，他终于做了宰相。

说一尺不如行一寸

运动才会带来变化，运动才会带来发展。人生亦是如此，“说一尺不如行一寸。”

在巴勒斯坦有两个海，它们很不一样。

一个叫加黎利海，是个大湖，内有清澈新鲜可供人饮用的水。不但鱼儿常戏游其中，而且人们也常来光顾，游泳消暑，加黎利海为绿色的田园所围绕，很多人更把他们的住宅或别墅建在紧靠湖边的岸上。

另一个称为死海，它也真的一如其名，有关它的一切东四均是死的。水中当然没有鱼儿。其岸边也不生长任何东西，更没有人想居住在附近去闻那个令人作呕的臭味。

关于两海有趣之处是：他们的水均源出一个源头，而流入了两个海中。

那么，是什么使之如此不同呢？仅仅是：一个接受，然后付出；另一个接受后，就会保存拥有。

约旦河水流入加黎利海的顶端，然后从其底部流走。大湖用这水，然后将之传给别人继续使用。

约旦河水流入死海，就永不再外流了。死海自私地保留了水，只为它自己。这是死海致死的原因。它得到，但从不给予付出。

一个人只顾眼前的利益，得到的终将是短暂的欢愉；一个人目标高远，但也要面对现实的生活。

从前，有两个饥饿的人得到了一位长者的恩赐：一根鱼竿和一篓鲜活硕大的鱼。其中，一个人要了一篓鱼，另一个人要了一根鱼竿，于是他们分道扬镳了。得到鱼的人原地就用干柴生火煮起了鱼，他狼吞虎咽，还没有品出鲜鱼的肉香，转瞬间，连鱼带汤就被他吃了个精光，不久，他便饿死在空空的鱼篓旁。另一个人则提着鱼竿继续忍饥挨饿，一步步艰难地向海边走去，可当他已经看到不远处那片蔚蓝色的海洋时，他浑身的最后一点力气也使完了，他也只能眼巴巴地带着无尽的遗憾撒手人间。

又有两个饥饿的人，他们同样得到了长者恩赐的一根鱼竿和一篓鱼。只是他们并没有各奔东西，而是商定共同去找寻大海，他俩每次只煮一条鱼，他们经过遥远的跋涉，来到了海边，从此，两人开始了捕鱼为生的日子，几年后，他们盖起了房子，有了各自的家庭、子女，有了自己建造的渔船，过上了幸福安康的生活。

只有把理想和现实有机结合起来，才有可能成为一个成功之人。这是简单的道理，也是理想变为现实的道理。

是真理就要坚持

物欲横流的世界如洪水般冲溃了我们几乎所有的防线，可是仍有一扇门我们必须坚守，那扇门叫做："坚持真理！"

我不敢想象如果一个世界没有真理，究竟会是何般模样，是黑漆漆的人吃人的混乱，还是浮华背后的阿谀奉承、尔虞我诈的阴险？

让我们再把目光转移到生活中来，有些人为了能够步步高升，而笑脸逢迎、阿谀奉承；有些人为了一解心头之恨，而颠倒黑白，混淆是非……古人为了真理能舍弃生命，而今人却……

守住心灵的那扇门，让真理与我们结伴而行。真理如同一阵和煦的风，吹醒了人们疲倦的身躯；真理如同一场及时的雨，滋润了人们干涸的心田；真理如同一束灿烂的光，照亮了人们前进的道路……

假事物可能惑你的耳目，但决不能让它迷惑你的心灵，坚持真理，崇尚科学，做个真人。

学生们向苏格拉底请教怎样才能坚持真理。苏格拉底让大家坐下来。他用手指捏着一个苹果，慢慢地从每个同学的座位旁边走过，一边走一边说："请同学们集中精力，注意嗅空气中的气味。"

然后，他回到讲台上，把苹果举起来左右晃了晃，问："哪位同学闻到了苹果的味儿？"

有一位学生举手回答说："我闻到了，是香味儿。"

苏格拉底再次走下讲台，举着苹果，慢慢地从每一个学生的座位旁边走过，边走边叮嘱："请同学务必集中精力，仔细嗅一嗅空气中的气味。"

稍停，苏格拉底第三次走到学生中，让每位学生都嗅一嗅苹果。这一次，除一位学生外，其他学生都举起了手。

那位没举手的学生左右看了看，慌忙也举起了手。

苏格拉底脸上的笑容不见了，他举起苹果缓缓地说："非常遗憾，这是一枚假苹果，什么味儿也没有。"

如果你也要企盼成功，一定要记住：倾尽所能。或者说，尽力去做你想做的事，任何事都有成功的可能。

希望就在前头，离你一步而已。最可怕的是：每天不知道自己该做什么，而别人都在踏踏实实干着自己的事。

不要放弃高尚的人格

没有高尚的人格，便没有高尚的事业；没有高尚的人格，便没有高尚的命运。人格是个人的道德品质，也是个人的性格、气质、能力等特征的总和。

1970 年 12 月 6 日，波兰的首都华沙寒气逼人。来访的联邦德国总理勃兰特向华沙无名烈士墓献完花圈之后，来到华沙犹太人殉难者纪念碑前的广场。突然，他双膝着地，跪在了纪念碑前！他是向二战中被德国纳粹屠杀的 510 万犹太人表示沉痛哀悼，为纳粹时代德国所犯下的罪孽深感负疚，虔诚地认罪赎罪。勃兰特此举震惊了世界，尤其震撼了德国人的灵魂。当时的民意调查显示，有 80% 的德国人非常赞赏此举，认为这种出乎意料的方式更充分地表达了德国人悔罪的诚意。此举也赢得了波兰人民的理解和信任，认为它为“结束一段充满痛楚与牺牲的罪恶历史”迈出了重要的一步。197 年的诺贝尔和平奖授予了勃兰特。

1976 年 1 月 8 日，周恩来逝世。9 日凌晨 5 点，联合国总部大厅的联合国大旗降了半旗，所有联合国会员国的国旗，都不升起。这在联合国从无先例。因此，有的国家大使提出质问：我们国家的元首去世，联合国大旗依然升得那么高，中国的第二首脑去世，联合国降半旗还不算，还把其他国家的国旗收起来，这是为什么？当时的联合国秘书长瓦尔德海姆说：“为了悼念周恩来，联合国下半旗，这是我的决定。原因有二：一、中国是个文明古国，金银财宝不计其数。可是周恩来总理在国际银行没有一分钱的存款！二、中国有 10 亿人口，可是周恩来总理没有一个孩子！你们任何一个国家元首，如能做到其中一条，在他去世时，总部也可以为他降半旗。”全场人默然。

阿根廷政府曾做出一项特别决定，向在第二次世界大战期间做出过重要贡献的辛德勒遗孀埃米莉·辛德勒夫人每月提供 1000 美元的生活补贴，以使这位老人安度晚年。埃米莉·辛德勒夫人在第二次世界大战期间，曾与丈夫一起冒着生命危险从德国法西斯集中营里救出 1200 名犹太难民。他们的这段传奇经历，后来被美国导演斯皮尔伯格搬上银幕。电影《辛德勒的名单》真实、成功地录下了这段历史，荣获奥斯卡大奖，辛德勒夫妇的事迹也因此被世人广泛传颂。二战结束后，辛德勒夫妇于 1949 年来到阿根廷首都布宜诺斯艾利斯的圣维森特区定居。1974 年丈夫去世后，独居此地的埃米莉因缺少收入来源，经济开始拮据，生活困难。阿根廷的内政部长科拉奇在总统府接见了埃米莉・辛德勒夫人，并向她宣布了这项由梅内姆总统特批的决定。

在重大的历史事件面前，在尖锐的意见分歧面前，在衰老的生存困难面前，是什么有如神助的力量保护了人的命运？甚至保护了民族、保护了国家的命运？是什么有如神助的力量能够使不同语言、不同肤色、不同民族、不同国家的人民消除隔阂、形成统一的思想和意志？是善良的力量，是正义的力量，是进步的力量，是推动历史车轮向前发展的人民群众的力量。而人格的力量，就是这些力量的集中体现。从历史的观点看，从发展的观点看，从全局的观点看，高尚的人格无疑是命运的保护神。

单单是被别人喜欢还不够，你必须“感到”喜欢——喜欢自己真正的样子。

许多告诉人们如何帮助自己的书都没有提到这一点。这些书只劝你去研究别人需要什么，然后就像提供日用品一样，给予他们。这种行为将彻底摧毁你喜欢自己的感觉。

“书上说的都是为你好”，有位作者这么说。所以你应该“把墙上的书架排满”。想想看，别人会给一个年轻女孩子什么样的劝告呢？有人告诉她，好男孩都喜欢文静、温柔、爱读书的女孩子——所以她只好以欺骗来吸引他了。

不管这个策略是否成功——不管别的男孩是不是更喜欢她——她只有愈来愈不喜欢自己。由自己的行为表现，她会使自己认为，对她所喜欢的男孩子而言，她实在不够好。

即使有哪位男士真的爱她，也爱她的沉静，她还是不可能觉得被爱，因为她根本分不清楚他到底爱不爱自己。

这种事情到处都可能发生。我们为了和别人相处得更愉快，往往给自己戴上一层假面具，把真正的自我掩藏起来。我们把自己伪装成另一种人——看起来很直爽、乐于助人、非常优雅。这样下去，不管别人对我们反应多好，我们也无动于衷。因为别人根本不知道我们真正的面目。如果我们戴了太久的面具，可能连自己真正的样子都忘了。

如果我们不断努力使遇上的人都喜欢我们的话，我们也会增强自己被人喜欢的需求。这样下去，每当我们碰到陌生人的时候，都会产生一股讨厌的焦虑。就算是碰过几回面的熟人，如果无法透视他们对我们赞许的程度，我们还是会感到焦虑。

有时候，这种力求别人喜欢的策略，可能还会招致与预期相反的不利后果。当我们全力使别人重视自己的时候，可能会使自己看来微不足道，因为我们缺乏个人的冲劲，无法留给别人深刻的印象。

就算不发生后果，即使我们的一贯方法大为成功，我们还是可能增强了一项最糟糕的信念——没有人会喜欢我们真正的样子。

第9章

忍让宽容，人生之友

忍可成就智者

生命总有最坏的日子，但“最坏”毕竟不是永远，挨过去后迎来的便是好日子。

凡·高在成为画家之前，曾到一个矿区当牧师。有一次他和工人一起下井，在升降机中，他陷入巨大的恐惧。颤巍巍的铁索轧轧作响，箱板在左右摇晃，所有的人都默不作声，听凭这机器把他们运进一个深不见底的黑洞，这是一种进地狱的感觉。

事后，凡·高问一个神态自若的老工人：“你们是不是习惯了，不再感到恐惧？”这位坐了几十年升降机的老工人答道：“不，我们永远不习惯，永远感到害怕，只不过我们学会了克制。”

有些生活，你永远也不会习惯，但只要你活着，这样的日子你还得一天一天过下去，所以你就得学会克制，学会忍耐。

你不习惯黑夜，但黑夜每天适时而来，你忍耐着，天就亮了；你不习惯寒冷的冬季，但冬天的脚步渐渐逼近，你忍耐着，那春天还会远吗？

面对日子，把最坏的都挨过去，剩下的也就是好的了。

“等待”一词至为重要。没有等待，美好的日子不会来临，但是，等待必须保持积极的心态，不能消极死守。不能忍受时间的煎熬，也就不能实现你的目标。

有一个小和尚在一座名刹担任撞钟之职。照他的理解，晨昏各撞一次钟，简单重复，谁都能做，钟声仅是寺院的作息时间，没什么大的意义。半年下来，无聊已极，“做一天和尚，撞一天钟”吧。

有一日，方丈宣布调他到后院劈柴挑水，原因是他不能胜任撞钟之职。

小和尚很不服气，说：“我撞的钟难道不准时，不响亮？”

老方仗告诉他说：

“你的钟撞得很响，但是钟声空泛、疲软，没什么意义。因为你心中没有‘撞钟’这项看似简单的工作所代表的深刻意义。钟声不仅仅是寺里作息的准绳，更为重要的是要唤醒沉迷众生。为此，钟声不仅要洪亮，还要圆润、浑厚、深沉、悠远。心中无钟，即是无佛；不虔诚，不敬业，怎能担当神圣的撞钟工作呢？”

别具一格的宽容

我们这个时代，是从古到今为止最好的时代，最伟大的盛世，尤其对那些想要展示才华的人来说，更是如此。

七八年前，我跟随一位书法家学了几天书法，他感慨地说："现在学习的成本特别低。"

你可以感叹学不遇孔夫子，但如果你足够努力，愿意学习，你的机会和渠道一定会让孔夫子的七十二个得意门生，甚至孔老先生本人羡慕嫉妒恨，他们没有任何人赶得上你。

拿书法来说，在打印机和印刷机没有发明的时代，想要一睹伟大书法家作品的风采，何等艰难。众所周知，"书圣"王羲之的《兰亭集序》是连唐太宗都爱不释手的极品，其他凡人想要一睹为快简直是痴人说梦。至于那些王公大臣得一摹本便足以慰平生了，想看真迹，做梦去吧！

如若我们生在那个时代，别说想看看那字长啥样了，可能连作品的包装都见不到。但在这个时代，印刷术高度发达，即便见不到真迹，但一比一的复制品轻而易举就能得到。

以前想搞文学，就是靠那几家刊物，全国的文学创作者都在争、在挤。现在有吞天吐地的网络平台，各种网站、公众号等都是畅所欲言的阵地。

没错，现如今的时代已然不同，它给予了我们更多的宽容和谅解。有才华的人更加能展示才华，一夜成名，如日中天，变成万众瞩目的全民偶像；没才华的人更加自惭形秽，一声叹息，大浪淘沙，人比人气死人。

对于那些有真才实学的人来说，他们生逢其时；而那些在感叹怀才不遇、生不逢时的人，其实并没有什么才华，他们自以为是的见识只不过是孤芳自赏，自我感觉良好罢了。在这个时代，你都没能把自己的才华拿出来让大家看见，只能说明你真的很没用。

其实，才华一点也不隐蔽，它就像人民币，只要你愿意拿出来，总有人看得到。

退即是进

以退为进，由低到高，这也是自我表现的一种艺术。

有一位留美的计算机博士，毕业后在美国找工作，结果好多家公司都不录用他，思来想去，他决定收起所有的学位证明，以一种“最低身份”再去求职。

不久他就被一家公司录用为程序输入员。这对他来说简直是“高射炮打蚊子”，但他仍干得一丝不苟。不久，老板发现他能看出程序中的错误，非一般的程序输入员可比。这时他才亮出学士证，老板给他换了个与大学毕业生对口的专业。

过了一段时间，老板发现他时常能提出许多独到的有价值的建议，远比一般的大学生要高明，这时，他又亮出了硕士证，老板见后又提升了他。

再过了一段时间，老板觉得他还是与别人不一样，就对他“质询”，此时他才拿出了博士证。于是老板对他的水平已有了全面的认识，毫不犹豫地重用了他。

不是吗？人不怕被别人看低，而怕的恰恰是人家把你看高了。看低了，你可以寻找机会全面地展现自己的才华，让别人一次又一次地对你“刮目相看”，你的形象会慢慢地高大起来。可被人看高了，刚开始让人觉得你多么的了不起，对你寄予了种种厚望，可你随后的表现让人一次又一次地失望，结果是被人越来越看不起。

退一步海阔天空，宽容能驱散怨恨。宽容能带来仁义，博得赞美，宽容能创造轻松和谐的氛围。

美国有位总统马辛利，因为一个用人问题，遭到一些人强烈反对。在一次国会会议上，有位议员当面粗野地讥骂他。他气鼓鼓的，但极力忍耐，没有发作。等对方骂完了，他才用温和的口吻道：“你现在怒气应该平和了吧，照理你是没有权利这样责问我的，但现在我仍然愿详细解释给你听……”他的这种姿态使那位议员羞红了脸，矛盾立即缓和下来。试想，如果马辛利得理不让人，利用自己的职位和得理的优势，咄咄逼人进行反击的话，那对方是决不会服气的。由此可见，当双方处于尖锐对抗状态时，得理者的忍让态度，有“釜底抽薪”之妙，能使对立情绪“降温”。

人们说“以德服人”一词，而地位居高却能止人身居高位者仍能身体力行，不能不让人佩服。

忍得了“辱”才能“负重”

漫漫人生路，有太多的不如意，退一步海阔天空，只要不忘记自己最终使命，你还是你。

杨格博士是一位诗人。有一天，他和几位贵妇人乘坐游艇，泛舟泰晤士河上。他吹着长笛，尽量逗那些贵妇快活。这时，游艇后不太远的地方，有条被军官们占用的船。诗人看到那条官船向游艇靠近时，就不吹长笛了。于是军官中有人问他，为什么他要把长笛收进口袋里不吹了。

“我把长笛放进口袋里，正如我把它从口袋里拿出来同样的理由——都是为了使自己高兴。”博士回答说。

那位军官怒气冲冲地威胁说，要是他不立刻把他的长笛再掏出来吹，那就不客气了，要把他扔进河里。博士怕吓着那些贵妇人，便尽可能地逆来顺受，忍气吞声地拿出他那长笛来。只要对方的船还在河上，他就一个劲儿直吹。

傍晚时分了，他看到那个曾经对他如此粗暴无礼的军官，独自一个正在伦敦附近一个偏僻的地方走着，便朝那军官走去，冷冰冰地说：

“今天，我是为了使我的同伴，和你的同伴避免引起烦恼，才服从你那傲慢的命令的，现在为了使你真正相信，一个普普通通的人，也会像一个披着军服的人那样有勇气。明天一早，就在此地，希望你能来，我们就干一场吧，但是不要有别人在场。干仗只在我们之间进行。”

博士还进一步决定，他们之间的分歧，只能靠手中剑来解决。那个军官完全同意了这些条件。

第二天早晨，这两个决斗者在约好的时间里，在指定的地方碰面了。军官正准备走向准备决斗的位置上。就在那个时候，诗人举枪瞄准了他。

“干什么！”军官说，“你想暗杀我吗？”

“不是的！”博士说，“不过，你得在这儿跳一分钟的舞。否则，你就会是一个死人了。”

接着是一场小小的争执，诗人似乎是如此暴怒，如此坚决，军官只好屈服了。

当他跳完舞的时候，杨格说：

“昨天，你违反我的意愿，逼着我吹长笛；今天，我违反你的意愿，强迫你跳舞。现在，我们两人事儿都以游乐的方式了结了。”

要能承受别人的嘲笑，这是一种雅量，同时也是能忍的标志。

守端禅师的师父是茶陵郁山主，有一天骑驴子过桥，驴子的脚陷入桥的裂缝，禅师摔下驴背，忽然感悟，吟了一首诗唱：

我有神珠一颗，
久被巨劳羁锁。
今朝尘尽光生，
照见山河万朵。

守端很喜欢这首诗，牢牢地背下来。有一天，他去拜访杨歧方会禅师。

方会问他：“你的师父过桥时跌下驴背突然开悟，我听说他做了一首诗很奇妙，你记得吗？”

守端就不假思索，开心地背诵出来。等他背完了，方会大笑一阵，就起身走了。守端愕然，想不出什么原因。第二天一大早，他就赶去见方会，问他为什么大笑。

方会问：“你见到昨天那个为了驱邪演出的小丑了吗？”

“我见到了。”

方会说：“你连他们的一点点都比不上呀。”

守端听了吓了一跳说：“师父什么意思？”方会说：“他们喜欢人家笑，你却怕人家笑。”守端听了，当场就开窍了。

如果你不能接受一次嘲笑，将会受到别人更多的挑剔和攻击。人生中如果你不能忍一时之痛，那么你的痛苦将是长久的。

留得青山在，不怕没柴烧

相信梦想，而且相信梦想终将实现，只要你愿意等到下一个春天。留有青山在我们还怕没柴烧吗?

我听过一则流传在日本的故事，说的是有两个人，他别叫阿呆和阿土的人，他们都是老实巴交的渔民，却都梦想着成为大富翁。有一天，阿呆做了一个梦，梦里有人告诉他对岸的岛上有座寺，寺里种有 49 棵朱模，其中开红花的一株下面埋有一坛黄金。阿呆便满心欢喜地驾船去了对岸的小岛。岛上果然有座寺，并种有 49 棵朱模。此时已是秋天，阿呆便住了下来，等候春天的花开。肃杀的隆冬一过，朱槿花——盛放了，但都是清一色的淡黄。阿呆没有找到开红花的那一株。庙里的僧人也告诉他从未见过哪棵朱槿开红花。阿呆便垂头丧气地驾船回到了村庄。

后来，阿土知道了这件事，他就用几文钱向阿呆买下了这个梦。阿土也去了那座岛，并找到了那座寺。又是秋天，阿土也住下来等候花开。第二年春天，朱模花凌空怒放，寺里一片灿烂。奇迹就在此时发生了：果然有一株朱模盛开出美丽绝伦的红花。阿土激动地在树下挖出了一坛黄金。后来，阿土成了村庄里最富有的人。

据说这个故事在日本流传了近千年。今天的我们为阿呆感到遗憾：他与富翁的梦想只隔一个冬天。他忘了把梦带入第二个灿烂花开的春天，而那些足可令他一世激动的红花就在第二个春天盛开了！阿土无疑是个聪明人：他相信梦想，并且等待另一个春天！

其实等待既是一种痛苦，也是一种享受。没有痛苦的等待，是没有意义的；只有在痛苦中等待了所要等待的东西，这种等待就升华为一种享受。比如，你等持了一个企盼已久的人，终于来到了你的身边，那种快乐……

孔子说过："人无远虑，必有近忧。"意思是说人们办事没有长远的考虑和打算，眼前就会有不称心的事发生。在经营管理上，如果不讲究谋略，没有长远观念，急功近利，往往事与愿违。

美国吉列公司就因迟迟没有把自己的不锈钢刀片投入市场，以致被竞争者抢先一步而遭到重大的损失。在 1962 年以前，吉列公司垄断了美国的剃刀市场。在《幸福》杂志所列的美国 500 家最大工业公司的利润率中，吉列名列第 4，但其投资回收率却高居首位。高级蓝色刀片是吉列刀片的核心和最高级的产品，也是创利最大的产品。这种刀片经 5 年的试验和研究才制成，1960 年正式投入市场，仅在 1962 年就获利约 1500 万美元，占公司利额的 1/3 多。不过这种刀片是用碳素钢制的，虽薄而锋利，但很不耐用。1961 年英国的不锈钢刀片向美国推销，因其使用次数多，受到美国顾客的青睐，由于输入数量不多，没有对吉列公司威胁，也就引不起它的注意。但却引起它的美国竞争对手的重视，如希克公司和用森纳公司等，都迅速地将不锈钢刀片投入市场，并树立起了良好的形象，利润在不断增加，市场占有额在不断扩大。而在 1962—1966 年间，吉列公司停滞不前，1966 年的利润比 1962 年下降了 2670 万美元。本来吉列公司对美国刀片市场的垄断地位是不可动摇的，而且已有自己的不锈钢刀片，因为担心过早投入市场，会不利于高级蓝色刀片的销售，因而行动迟缓，丧失了机会。

心里无私天地宽

俗话说：宰相肚里能撑船。要想成就大事业，必须有大度量。严于律己，宽以待人，是待人接物的重要原则。

后赵王石勒召请武乡有声望的老友前往襄国（今河北省邢台市），同他们一起欢宴饮酒。当初，石勒出身贫贱，与李阳是邻居，多次为争夺沤麻池而相互殴打。所以只有李阳一个人不敢来。石勒说："李阳是个壮士，争沤麻池一事，那是我当平民百姓时结下的怨恨。我现正在广纳天下人才，怎么能对一个普通百姓记仇呢？"于是急速传召李阳，同他一起饮酒，还拉着他的臂膀开玩笑说："我从前挨够了你的拳头，你也遭到了我的痛打。"随后任命李阳做参军都尉。

吕蒙正在宋太宗、宋真宗时三次任宰相。他不喜欢把人家的过失记在心里。他刚任宰相不久，上朝时，有一个官员在帘子后面指着他对别人说："这个无名小子也配当宰相吗？"吕蒙正假装没有听见，就走了过去。其他人都为他愤愤不平，要求查问这个人的名字和担任什么官职，吕蒙正急忙阻止了他们。退朝以后，同僚们心情还是平静不下来，后悔当时没有及时查问清楚。吕蒙正却对他们说；"如果一旦知道了他的姓名，那么一辈子就忘不掉。宁可不知道，不去查问他，这对我有什么损失呢？"当时的人都佩服他气量宏大。

美国在打南北战争的时候，林肯总统的秘书是一个身材高大，体格健壮的年轻人。在那个办公事务机还没有发明的年代，像那样一个年轻的小伙子，也得拿着笔，一个字一个字的写公文。

做这样的工作，让他觉得很不快乐，他希望能弃笔从戎，走上战场，一展雄才。他期望的是驰骋沙场，为国效力，有必要的话，他甚至愿意牺牲生命，马革裹尸。

所以他不断地向林肯总统抱怨，说自己所忙的工作是妇道人家做的事，他应该身披戎装，对抗敌人去。

有一天，林肯听完了他惯常的抱怨后，摸着胡子，望着他说：“小伙子，照我看来，你的确是想为国牺牲，但是你却不肯为生活而奉献。”

有的殉道者是借死亡而奉献了生命，但有的殉道者是借生活而献出生命。

宽容——王者之心

很多时候，我们需要别人的宽容，也要宽容别人，一味争抢只能使你陷入孤立。

亚历山大大帝骑马旅行到俄国西部。一天，他来到一家乡镇小客栈，为进一步了解民情，他决定徒步旅行。当他穿着身没有任何军衔标志的平纹布衣走到了个三岔路口时，记不清回客栈的路了。

亚历山大无意中看见有个军人站在一家旅馆门口，于是他走上去问道："朋友，你能告诉我去客栈的路吗？"

那军人叼着一只大烟斗，头一扭，高傲地把这身着平纹布衣的旅行者上下打量一番，傲慢地答道："朝右走！"

"谢谢！"大帝又问道，"请问离客栈还有多远！"

"一英里。"那军人生硬地说，并瞥了陌生人一眼。

大帝抽身道别刚走出几步又停住了，回来微笑着说："请原谅，我可以再问你一个问题吗？如果你允许我问的话，请问你的军衔是什么？"

军人猛吸了一口烟说："猜嘛。"

大帝风趣地说："中尉？"

那烟鬼的嘴唇动了下，意思是说不止中尉。

"上尉？"

烟鬼摆出一副很了不起的样子说："还要高些。"

"那么，你是少校？"

"是的！"他高傲地回答。于是，大帝敬佩地向他敬了礼。

少校转过身来摆出对下级说话的高贵神气，问道："假如你不介意，请问你是什么官？"

大帝乐呵呵地回答：“你猜！”

“中尉？”

大帝摇头说：“不是。”

“上尉？”

“也不是！”

少校走近仔细看了看说：“那么你也是少校？”

大帝镇静地说：“继续猜！”

少校取下烟斗，那副高贵的神气一下子消失了。他用十分尊敬的语气低声说：“那么，你是部长或将军？”

“快猜着了。”大帝说。

“殿……殿下是陆军元帅吗？”少校结结巴巴地说。

大帝说：“我的少校，再猜一次吧！”

“皇帝陛下！”少校的烟斗从手中一下掉到了地上，猛地跪在大帝面前，忙不迭地喊道：“陛下，饶恕我！陛下，饶恕我！”

“饶你什么？朋友。”大帝笑着说，“你没伤害我，我向你问路，你告诉了我，我还应该谢谢你呢！”

大千世界，难免会有被人误会的时候，这时你可否会愤怒？

也许你并不是一个脾气暴躁的人，也不会对所有的事情都发脾气，可是就有一两个人老是惹你生气，他们可能是你的老朋友，邻居或同学。

就像你老觉得别人在侮辱你一样，不管你做什么事，他都做得比你好，或者他会说哪个人做得比你好。

你和他在一起的时候，只好开始夸耀自己，宣扬自己的成就，甚至可能夸大自己的能力。

你为了报复，只好开始侮蔑他，同时愈来愈觉得愤怒和厌恶。你不仅无法忍受别人，你也变得不喜欢自己了。

令人最生气的人，很可能也是你最亲爱的人。即使是全副武装的敌人，也不至于像你身边的人给你那么猛烈的攻击。

我们都知道谁是自己的敌人，也知道为什么他是我们的敌人；可是对亲近的人而言，我们却常常否认彼此之间存在的困扰，而且还要为他找借口否认真正的问题——直到下一次，怒火又上升了为止。

到底是谁怎么惹你生气的？你现在可能知道答案，也可能不知道。但你可以一直探究下去，知道惹你生气的人是谁，他做了什么事，你有什么感觉，还有问题在哪里。如果你老是被同一个人激怒，你可能会发现他的某些行为特别容易惹你生气。

别让自己变成“气球”

发怒，完全是一种可以消除与避免的行为，只要好好地把握自己，你就可以让自己走出这一误区。

每当你遇到使你愤怒的人或事时，要意识到你对自己说的话，然后努力以新的思维控制自己，从而使自己对这些人或事有新的看法，并做出积极的反应。下面是消除愤怒情绪的若干具体方法。

（1）当你愤怒时，首先冷静地思考，提醒自己：不能因为过去一直消极地看待事物，现在也必须如此，自我意识是至关重要的。

（2）当你想用愤怒情绪教育孩子时，可以假装动怒：提高嗓门或板起面孔，但千万不要真的动怒，不要以愤怒所带来的生理与心理痛苦来折磨自己。

（3）不要欺骗自己你可以喜欢令人讨厌的东西。你可以讨厌某件事，但你仍不必因此而生气。

（4）当你发怒时，提醒自己，人人都有权根据自己的选择来行事，如果一味禁止别人这样做，只会延长你的愤怒。你要学会允许别人选择其言行，就像你坚持自己选择言行一样。

（5）请你信赖的人帮助你。让他们每当看见你动怒时，便提醒你。你接到信号之后，可以想想看你在干什么，然后努力推迟动怒。

（6）在大发脾气之后，大声宣布你又做了件错事，现在你决心采取新的思维方式，今后不再动怒。这一声明会使你对自己的言行负责，并表明你是真心实意地改正这一误区。

（7）当你要动怒时，尽量靠近你所爱的人。消除敌对情绪的方法之一，是握住对方的手，即使你不愿意也要握住他的手，一直到你向他表明了自己的感情并平息了愤怒情绪之后，再松开手。

（8）当你不生气时，同那些经常受你气的人谈谈心，互相指出对方最容易使人动怒的那些言行，然后商量一种办法，平心静气地交流看法。比如可以写信、由中间人传话或一起去散步等，这样你们便不会以愤怒相待。其实，只要在一起多散几次步，你便会懂得发怒的荒谬了。

（9）当你要动怒时，花几秒钟冷静地描述一下你的感觉和对方的感觉，以此来消气。最初10秒钟是至关重要的，一旦你熬过这10秒钟，愤怒便会逐渐消失。

（10）不要总是对别人抱有期望。只要没有这种期望，愤怒也就不复存在了。

（11）在遇到挫折时，不要屈服于挫折，应当接受逆境的挑战。这样你便没有空闲来动怒了。

怒是一种不良的情绪状态。“怒伤肝、喜伤心、忧伤肺、思伤脾、恐伤肾”。

生理研究表明，人在发怒时，会有一系列生理变化，如心跳加快、胆汁增多、呼吸紧迫、脸色改变、甚至全身发抖。这种情况对人的健康不利是不言而喻的。

怎样使自己不发怒呢？归纳起来有以下几种方法：

（1）生活中遇到能引起人发怒的刺激时，应当力求避开，眼不见，心不烦，怒去一半。这是自我保护性的制怒方法。

（2）在受到令人发怒的刺激时，大脑会产生强烈的兴奋灶，这时如果主动地在大脑皮层里建立另外一兴奋灶，用它去抵消或削弱引起发怒的兴奋灶，就会使怒气平息。比如盛怒下的妻子，看到可爱的孩子天真的表演会怒气全消，就是这个道理。

（3)怒从何来？常常是虚荣心强、心胸狭窄、感情脆弱、盛气凌人所致，对此，可以用疏导的方法将烦恼与怒气导引到高层次，升华到积极的追求上，以此激励起发奋的行动，达到转化的目的。

（4）这是一种主动的意识控制，主要是用自己的道德修养、意志修养缓解和降低愤怒的情绪。

有人在要发泄怒气时，心中默念“不要发火，息怒、息怒”，会收到一定效果。

切莫以自我为中心

只有用发展的眼光看待这个社会，看待你周围的人和事，才能永远立于不败之地。

社会在发展，历史在前进，除了时间的流逝之外，最大的区别就在于观念的变化。

人最大的敌人，不是别人，正是自己。超越自己，难就难在必须时时更新观念，以顺应时代的变化和发展，谁能走在时代的前列，谁就是英雄和成功者。

尽管有人说：相信上帝，不如相信自己。但你千万不要以“自我”为中心。只有摆正了自己的为人态度，正确地树立人生观，才能在人潮的大浪中永立不败之地。

孔子曾说过：“衣食足则知荣辱。”意思是说，一个人到了不担忧饥寒，物质生活已满足时，才能辨别荣誉和耻辱、礼仪与规则。

这是古人做人的态度与原则，也是为政者施政的一种基本精神，当人民丰衣足食，就能辨别礼节与荣誉，社会秩序就能被遵守；如此国家才能繁荣，人民才能幸福。因此，建立一个光明正大、强而有力的政府，提高人民生活是首要的。这句话之所以在数千年后，仍历久弥新，就是因为它含有超越时间、空间的人性与真理。

那么，现在的人是不是都能懂礼节、守秩序，社会规范是否无懈可击呢？其实不然，现今，不但不能说是“衣食足则知荣辱”，反倒该说为“衣食足则礼节乱”了。

若“衣食足则知荣辱”是正常状况，那这就是异常的状况了。这种异常可以任其存在吗？当然不行，而且务必要把它恢复到正常状况来，那该如何呢？

可以借教育或国家之力。无论如何，为使异常恢复正常，每个人都务必先反省：自己是否有以自我为中心的想法？

例如，为政者在认真考虑国家繁荣，为人民谋利益之前，是不是更重视自己家庭的利益及个人本身的利害关系？

各界的领导者亦然，他们的注意力，只集中在他们所嘱的领域，以致无法从大处、远处做正确的判断。此外，国家之间，也是只顾自己的利害关系，而对其他弃之不顾。

个人也是如此，在所属的公司或企业时，在考虑“我应该做什么？”之前，就先考虑自己能获得什么。

一句好话三冬暖

如果说赞美他人前途是暖及三冬之举，那么在一些特殊的场合，抓住他人生活中的一些细枝末节加以粉饰，就是更高一着的险奇之道了。

美好的前途是人人都向往的，婴儿呱呱坠地之日起，就背负起了父母的殷切希望；从刚走进校门起，就开始立志成才，长大后要当医生、科学家、文学家、警察……每个人都会为自己的将来设计蓝图，前途是一个既遥远又具体的东西，既不能确定它是什么样子，又会在现实中找到些许迹象。

每个人都很注意别人对自己的前途的预测和评价，也正因为如此，才产生了到现在兴旺依旧的算命先生，在现代社会，虽然我们以科学破除迷信，但赞美他人的前途和未来，仍是是赢得人心的一大技巧。

“你们是八九点钟的太阳，希望寄托在你们身上。”曾鼓舞了几代青年人。在父母面前夸其子女有出息，将来准成大器，全家都会满心喜悦，甚至把话当真。

赞美一个人的前途会使他倍受鼓舞，信心十足。同时你的权威形象也无形中塑造起来，将来他成功之日，他的大脑中第一个闪现的形象很可能就是你当年的样子。这就是我们经常说的：“一句好话三冬暖。”

日本著名心理学家多湖辉先生在一本书里举了这么一个例子：有位杂志社的记者，有一次去采访一位地位很高的财经界人士。话匣一打开，就首先称赞对方的经济手段如何高明，继而想打听一些成功的奥秘。但由于这是初次采访，不能很快接触到问题的实质。

这时，那位记者灵机一动，将话题一转，说道：“听说贵经理在业余时间很喜欢钓鱼，在钓鱼方面也是行家里手。在下偶尔也喜欢钓钓鱼，不知道你是否可以介绍一些这方面的经验？”那位大人物一听此话，笑逐颜开，侃侃谈起钓鱼经来。结果不消说，宾主双方俱欢，尔后采访中自然方便不少。

从这位大人物的心态来看，因为所处的地位，有关经营方面的“高帽子颂歌”已经听得耳根生茧了。而这个记者望到人物的另一面，从该大人物的业余生活开始入手，最后完满地达到预期目的，其手段令人叹为观止。

在这个例子中，我们可以看到得体的赞美行为的确威力无穷，可以自然地减轻我们交际的阻力。

包拯就任开封知府后，要选一名师爷。经过笔试，包拯从上千人中挑选了10个很有文才的人。第二个程序是面试，包拯把他们一个跟一个叫进去，随口出题，当面回答。

包拯面试题目出得也很别致，前面九个一一进去后，包拯指着自己的脸对他们说：“你看我长得怎么样？”那九个人抬头一看包拯的脸庞，吓了一跳：头和脸都黑得如烟熏火燎一般，乍一看，简直就像一个黑坛子放在肩上；两只眼睛大而圆，瞪起来，白眼珠多，黑眼珠少。

他们想：如果把他的模样如实讲出来，那他一定会火冒三丈，那还能当师爷，说不定还会遭一顿打呢！不如循守常道，恭维一番，讨他个喜欢。于是一个个恭维他眼如明星，眉似弯月，面色白里透红，纯粹是副清官相貌。气得包拯将他们一个个赶走了。

第十个应试者进来了，包拯也问相同的问题。那个向包拯打量了一番，说道：“老爷的容貌嘛……”

“怎么样啊？”

“脸如坛子，面色似锅底，不仅说不上俊美，实在该说是丑陋无比，特别是两眼一瞪，还有几分吓人呢？”

包拯一听，故意把脸一沉，喝道：“放肆，你竟敢这样说起本官来了，难道就不怕本官怪罪于你吗？”

那人答道：“老爷您别生气，小人深信只有诚实的人才可靠，老爷的脸本来就是黑的，难道别人说一声美就变美了吗？老爷虽然相貌丑陋，但心如明镜，忠君爱国，天下人皆知包青天的美名，难道老爷没有见过白脸奸臣吗？”

一席话说得包拯心中大喜，即日便任命他为师爷。

这个“应聘”者之所以成为十个顶呱呱的才子中的幸运者，是因为他的赞美更加有远见，足见其洞察力不一般，通过对他人真诚的赞美，由缺点推到优点，最终成为赞美他人的受益者。

绅士过独木桥，刚走几步便遇到一个孕妇。绅士很礼貌地转过身回到桥头，让孕妇过了桥。孕妇一过桥，绅士又走上桥。走到桥中央又遇到一位挑柴的樵夫，绅士二话没说，回到桥头让樵夫过了桥。

第三次绅士不敢贸然上桥，而是等独木桥上的人走完才匆忙上了桥。眼看就到桥头了。

迎面赶来一位推独轮车的农夫。绅士这次不愿回头了，摘下帽子，向农夫致敬："农夫先生，你看，我就要到桥头了，能不能让我先过去。"农夫不干，把眼一瞪，说："你没看见我推车赶集吗？"话不投机，两人争吵起来。这时，河面上浮来一叶小舟，舟上坐着一个僧人。两人不约而同请僧人为他们评理。

僧人双手合十，看了看农夫，问他："你真的很急吗？"

农夫答道："我真的很急，晚了便赶不上集了。"

僧人说："你既然急着赶集，为什么不尽快给绅士让路呢？你只要退那么几步，绅士便过去了，绅士一过，你不就可以早早过桥了吗？"

农夫一言不发。

僧人便笑着问绅士："你为什么要农夫给你让路呢，就是因为你快到桥头了吗？"

绅士争辩道："在此之前我已给许多人让了路，如果继续让农夫的话，我便过不了桥了。"

"那你现在是不是就过去了呢？"僧人反问道："你既然已经给那么多人让了路，再让农夫一次，即使过不了桥，起码保持了你的风度，何乐而不为呢！"

绅士的脸涨得通红。

人生旅途中，我们是不是有过类似的遭遇呢？其实，给别人让路，也是给自己让路啊！

不同的人对感情的需求都不同，表达感情的方式也有很多种，除了赞美还有提供服务、肢体接触、赠送礼物、高质量的相处时间等。在赞美的同时通过其他方式表达感情也许会更有效。单有甜言蜜语是不够的。

另外，赞美有很多非语言的形式：对一个老师来说，在课前认真预习，上课时踊跃发言主动参与讨论，那就是赞美；对一个艺术创造者来说，你长时间地站在他的画作前一言不发地凝视他的那件作品，那就是赞美；对一个下属来说，你采纳他的建议、给他安排更有分量、更有挑战性的工作，那就是赞美。

最后，请多赞美自己和他人吧。这会让你自己和他人的世界都变得更美好。

第10章

勤俭之德，人生良友

流勤劳的汗，吃勤劳的饭

一滴汗水，一份收获，世上没有轻而易举而得到的本领，天才来源于勤奋。

一位魔术大师在苏丹面前表演魔术，他的精彩表演深使苏丹大为赞赏，被称为天才。

可是一位大臣说："陛下，大师不是从天上掉下来的，这位大师的技艺，是他勤奋练习的结果。"

苏丹被臣子反驳之后，感到大为扫兴，于是他轻蔑地对他大喊道："你没有任何天赋，你到牢房里去吧！在那里你可以好好考虑我的话。为了不让你感到寂寞，送给你两只小牛犊做伴。"

从到牢房的第一天起，这位大臣就练习抱着小牛犊，从下面的台阶一直走到塔楼。几个月后，小牛犊长成了一头很结实的公牛，大臣的力气也大增。

一天，苏丹突然想起他的大臣还在监牢里，于是就去看他。当苏丹看到他时，非常惊讶："真主呀，这多么神奇，多么不可思议呀。"

这位大臣，用双手捧着一头大牛，对苏丹说了从前说过的话："陛下，大师不是从天下掉下来的。我的力量是我勤奋练习的结果。"

没有苦，哪有甜，不靠勤劳的双手，靠别人的施舍，终究是个"奴仆"。

阿拉伯有一位著名的驯马师，他驯出来的马甚至被称为神马。熟悉驯马师的人都知道，每天早上，驯马师会指挥着一群马绕圈子跑，这其中有雄健的大马，也有很小的幼马。驯马师的助手，则一边呵斥着马，一边抓着马鞍左右跳跃。看起来活像马戏团的特技表演。到了中午，沙漠的太阳正毒，驯马师却和他的助手骑马向沙漠深处奔去，下午 4 点，当他们返回时，人们才发现每人手上都拿着一把弯刀，仿佛出征归来的样子。

有人问驯马师："你为什么要叫许多马绕圈子呢？"

驯马师说："因为我教那些小马跟在大马身后，学习听口令和顺服。没有大马的带领，小马是很难教的。如果我是老师，大马就是家长，我在学校教导，父母在家中带领，任何一方都不能少。"

"那你的助手为什么要抓着马鞍左右跳跃呢？"

"那是教马学会均衡，维持稳定。"

"至于中午的时候骑马出去，"驯马师接着说，"是因为中午天气最为炎热，让马在一望无际、其热如焚的沙漠里奔跑，这是一种磨炼，经得起的才能成为千里马。而弯刀，是我们故意舞给马看的，用刀光闪烁刺激马的眼睛，并发出强烈的声响。经历这种场面，还能镇定自若的，才能成为最好的战马。"

人的成长与驯马是同理的，正如俗语所说，"自在不成人，成人不自在，不受苦中苦，难为成功人。"如果你不能用"勤"字来努力，如果你吃不了勤中之苦，怎么能出人头地呢？

勤劳造就富人

不怕没有财富，就怕没有勤劳，任何伟大成功的背后都充满着艰辛与汗水。

有这样一个故事，主人公是一个贵族，他要出门到远方去。临行前，他把仆人召集起来，按着各人的才干，给他们银子。

后来，这个贵族回国了，就把仆人叫到身边，了解他们经商的情况。

第一个仆人说：

“主人，你交给我五千两银子，我已用它赚了五千两。”

贵族听了很高兴，赞赏地说：

“好，善良的仆人，你既然在赚钱的事上对我很忠诚，又这样有才能，我要把许多事派给你管理。”

第二个仆人接着说：

“主人，你交给我两千两银子，我已用它赚了两千两。”

贵族也很高兴，赞赏这个仆人说：

“我可以把一些事交给你管理。”

第三个仆人来到主人面前，打开包得整整齐齐的手绢说：

“尊敬的主人，看哪，您的一千两银子还在这里。我把它埋在地里，听说您回来，我就把它掘了出来。”

贵族的脸色沉了下来。

“你这又恶又懒的仆人，你浪费了我的钱！”

于是他夺回这一千两，给那个有一万两的仆人。

不会创造财富的人不会勤俭，勤俭不仅可以创造财富，更是一种高尚的品格。

刚念大学时，爸爸和我商定好，每月的 15 日给我寄 500 元的生活费。

因为开支毫无规律可循，三天两头地，我就找个理由与同寝室的舍友们到校园餐馆挥霍一顿。

第一个月，爸爸容忍了我，提前把第二个月的生活费寄了过来。然而我却恶习难改，第二个月、第三个月依然如此。

终于，在离第四个月的收款日还遥遥无期的时候，我又捉襟见肘了。

万般无奈我拍了一封极其简短的电报回家："爸爸，饿坏了。"

爸爸很快就回了电报，也很简短："孩子，饿着吧。"

生活真是太伟大了，在其后只有 10 块钱的 10 天里，我绞尽脑汁地节衣缩食，出手之前锱铢必较，竟然也把那段难挨的日子熬过去了。

从那以后，我学会了精打细算，而且我还发现，其实只要稍稍收敛一下不必要的支出，每月 400 元生活费就够用了。这样，每月我都可以积攒下一些盈余，这些钱可以买书、买卡带、买 CD、旅游、捐款，当然也包括吃餐馆，但是比起单一地花在吃上，当然是有意思得多。

不舍得让孩子挨饿受罪的父母，是无法让孩子学会生活的。

勤能反败为胜

有人把“0”看成一无所有，有人把“0”看作虚无空洞，然而，也有人把“0”看成一个可以填满的空间……

一个铁笼子一分为二，把一些狗赶进笼子的一边，在另一边的笼子底下通电，狗会受到电击的疼痛，很快跳到笼子另一边，而当另一边受到电击时，这些狗又会轻松地跳回来。然而，还是这只笼子，再放同样一批狗，通电后，这批狗却不做任何挣扎，只会浑身发抖，低声哀鸣。原来心理学家曾把后一批狗拴在铁柱上，进行电击刺激，开始时狗受到电击会挣扎、跳跃。但是，由于挣扎、跳跃摆脱不了电击的折磨，经过几天之后，这些狗再受到电击时，就自动放弃了努力，连轻轻一跳就能摆脱电击刺痛的努力也不做了。它们习惯了挫败，认命了。

这个实验说明了一个道理：连续的挫败，可能会使人自认失败，听天由命，不去抗争。

所谓失败，其实就是自己的一种感觉，是在走向成功的路途中，由于行动受阻而产生的悲观失望。在客观世界中，没有失败，失败仅仅存在于失败者的心中。

“屡战屡败”改为“屡败屡败”，虽是文字上的简单调换，却反映出面对失败的两种心境。

无论劳心劳力，竭尽所能勤勉从事，各行各业，凡是勤奋不怠者必定有所成就，出人头地。

出家的和尚，息迹岩穴，徜徉于山水之间，看破红尘，与世无争，他们也自有一番精进的功夫要做，于读经礼拜之外还要勤行善法不自放逸。且举两个实例：

一个是唐朝开元间的百丈怀海禅师，亲近马祖时得传心印，精勤不休。他制定了“百丈清规”，他自己笃实奉行，“一日不作，一日不食。”一面修行，一面劳作。“出坡”的时候，他躬先领导以为表率。他到了暮年仍然照常操作，弟子们于心不忍，偷偷地把它的农作工具藏匿起来。禅师找不到工具，那一天没有工作，但是那一天他也就真的没有吃东西。他的刻苦的精神感动了不少的人。

另一个是清初的以山水画著名的石溪和尚。请看他自题《溪山无尽图》："大凡天地生人，宜清勤自持，不可懒惰。若当得个懒字，便是懒汉，终无用处。……残袖住牛首山房，朝夕焚诵，稍余一刻，必登山选胜，一有所得，随笔作山水数幅或字一段，总之不放闹过。所谓静生动，动必做出一番事业。端教一个人立于天地间无愧。若忽忽不知，懒而不觉，何异草木？"人而不勤，无异草木，这句话沉痛极了。过饱食终日无所用心的生活，英文叫作 Vegtat。意为过植物的生活。中外的想法不谋而合。

勤的后面是懒。早晨躺在床上睡懒觉，起得床来仍是懒洋洋的不事整洁，能拖到明天做的事今天不做，能推给别人做的事自己不做，不懂的事情不想懂，不会做的事不想学，无意把事情做得更好，无意把成果扩展得更多，既好逸乐，四体不勤，念念不忘的是如何过周末如何度假期。这就是一个标准懒汉的写照。

恶劳好逸，人之常情。就因为这是人之常情，人才需要鞭策自己。勤能补拙，勤能损欲，这还是消极的说法，勤的积极意义是要人进德修业，成为名副其实的万物之灵。

其实，对许多人来说，失败使人重新看待自己的生活，从而整装上阵，失败意味着一定的损失，但同时也是勤于奋斗的标志，只有他们才能体会到其中的奥妙。

耕耘收获全在勤

只有用勤劳才能采集到真正的“金子”，用你的劳动去获得你想要的，比幻想你想得到的更重要。

自从传言有人在萨文河畔散步时无意发现金子后，这里便常有来自四面八方的淘金者。他们都想成为富翁，于是寻遍了整个河床，还在河床上挖出很多大坑，希望借助它找到更多的金子。的确，有一些人找到了，但另外一些人因为一无所得而只好扫兴归去。

也有不甘心落空的，便驻扎在这里，继续寻找。彼得·弗雷特就是其中的一员。他在河床附近买了一块没人要的土地，一个人默默地工作。他为了找金子，已把所有的钱都押在这块土地上。他埋头苦干了几个月，直到土地全变得坑坑洼洼的，他失望了——他翻遍了整块土地，但连一丁点金子都没看见。

6 个月以后，他连买面包的钱都快没有了。于是他准备离开这儿到别处去谋生。

就在他即将离去的前一个晚上，天下起了倾盆大雨，并且一下就是三天三夜。雨终于停了，彼得走出小木屋，发现眼前的土地看上去好像和以前不一样：坑坑洼洼已被大水冲刷平整，松软的土地上长出一层绿茸茸的小草。

“这里没找到金子，”彼得忽有所悟地说，“但这土地很肥沃，我可以用来种花，并且拿到镇上去卖给那些富人。他们一定会买些花装扮他们华丽的厅堂。如果真这样的话，那么我一定会赚许多钱，有朝一日我也会成为富人……”

彼得仿佛看到了将来，美美地说：“对，不走了，我就种花！”

于是，他留了下来。彼得花了不少精力培育花苗，不久田地里长满了美丽娇艳的各色鲜花。

他拿到镇上去卖，那些富人一个劲地称赞：“瞧，多美的花，我们从没见过这么美丽鲜艳的花！”他们很乐意付少量的钱来买彼得的花，以便使他们的家庭变得更富丽堂皇。

五年后，彼得终于实现了他的梦想——成了一个富翁。

阿凡提借来几两金子，骑毛驴到野外，坐在黄沙滩上细细筛起来。不一会儿，国王打猎从这儿经过，问道：

“喂，阿凡提，你这是干什么？”

“陛下，我正忙着种金子哩！”

国王听了感到诧异，又问道：“快告诉我，聪明的阿凡提，金子咋个种法？”

“您怎么不明白呢？”阿凡提说，“现在把金子种下去，到秋天就可以来收割，把金子收回家去了。”

国王一听，眼睛都红了，连忙赔着笑脸跟阿凡提商量起来：“阿凡提，你种这么点金子，能发多大的财？要种就多种点。种子不够，到我宫里拿好了！要多少有多少。那就算是咱俩合伙种的，长出金子来，十成给我八成就行了。”

“那太好啦，陛下！”

第二天，阿凡提就到宫里拿了 2 斤金子。过了一个星期，他给国王送去了 10 来斤金子。国上打开口袋，一看金光闪闪，简直乐得闭不上嘴，他立刻吩咐手下，把库里存着的好几箱金子都交给阿凡提去种。

过了一个星期，阿凡提空着一双手，愁眉苦脸地去见国王。国王问道：“驮金子的牲口都来了吧？”

“真倒霉呀！”阿凡提忽然哭了起来，说道：“您不见这几天一滴雨也没下吗？咱们的金子全干死啦！别说收成，连种也赔了。”

国王顿时大怒从宝座上直扑下来，狂呼大吼道：“胡说八道！我不信你的鬼话！你想骗谁！金子哪会干死的？”

“这就奇怪了！”阿凡提说，“您要是不相信金子会干死，怎么又相信金子种上了能长呢？”

国王听了，再也说不出话来。

从节省生活费开始

不懂得生活的人不懂得节省，因为钱除了挣来的以外，主要是节省来的。

在加拿大付款，大多使用信用卡或支票。人们外出时衣袋里、皮夹内不装硬币，尤其面值一分的硬币，人们几乎不把它当钱。有的年轻人把商店找给的硬币随手扔进垃圾箱。冬天抛雪球打雪仗。有的男孩在雪团里揉几枚一分硬币，花廉价成本制造了“新武器”。无怪乎马路边、草丛里常有闪闪发光的一分硬币而无人“折腰”。不过，有心人也是有的，电视上都报道过某银行缺少一分硬币，贴出告示希望收藏者支援，到银行兑换。一位老人竟换了一万一千多枚一分硬币，而且说这是他多年来在街道上、店家门口拾起来积攒的。

在加拿大家家都有积存硬币的盒子，因为购物时总能找回零钱。商家把 200 元的东西，定价为 199.99 元，所以副食品的价格无论是肉蛋、水果、点心等，定价都是 5.99 元、1.49 元 0.89 元……所以一分硬币的用量还挺大，从硬币上刻的发行日考察，几乎造币厂每年都出一分硬币。家里积存的一分硬币不拿去花用，又不及时兑换，确是一种浪费。

据说有一位清洁工人，有一次清理垃圾发现一只纸箱，内装二万七千多枚一分硬币。这位工人发了一笔小财，正应了“别人眼中的垃圾，正是自己眼中的财富”的俗语。常见一些少年在购物中心的喷水池边玩耍，不时地往水里抛硬币，有的是为了练瞄准，有的为了测运气，水池里总有一片片闪光的一分硬币，日积月累，清洁水池的工人有了较稳定的收入。

有一天邻居小姑娘卡莲兹抱着一个小猪存钱瓷罐向我募捐，说是学校为增加每个年级的电脑设备，发起了一个“一分钱买电脑”计划。发动学生们募捐。我用夹生的英语招呼小卡莲兹进屋，拿出一张两元的纸币。谁知卡莲兹不要纸币，就只要一分硬币。她说她们的计划是收集一百万枚一分硬币，而且兴奋地告诉我距离一百万枚的目标已经很近了。我很高兴地将家里积存的一罐硬币拿出来，卡莲兹从中挑了半天，兴高采烈千谢万谢地抱走了半罐一分硬币。

“穷”并不可怕，可怕的是怕穷。任何人来到世上都一无所有，但是什么造就了那些富人呢？

有一次，我趴在沙发上小想，正瞥见一枚晶亮的10元硬币，滚落在客厅一角。我呼唤儿子：“看哪，有10块钱在地板上，谁先抢到，就归谁！”

很多父母大概已经猜到了，最后去抢那10元硬币的是我自己。现在孩子宁可把握时间多翻几页漫画，也不肯挪动双脚去捡区区10元。

又一次，我叮咛大儿子把随手放置的200元零用钱收好，不然，我会没收云云……我威胁的话还没话完，大儿子慷慨地回了一句：“你要呀？你收吧，送给你。”

我知道，时代不同了！我没有办法让儿子理解我们这一代贫穷的经历，他们顶多故作被感动状地听我“讲古”，听罢仍然故我。

但是，与家人同舟共济地在贫穷中奋斗，是多么重要的人生经历啊！我可以认定那段吃苦的岁月，是支持我这半生努力上进的力量源头。我还记得和哥哥姐姐一张张粘奖券袋的日子，我粘得那样努力，因为那是我所能与父母分劳的工作。

我还记得每一次开学前，母亲把一个蓝布袋解开，摩挲着每一个她喜爱的金饰，讲述着每一个首饰的来历，再默默地把金饰交给父亲带走……大概到读完大学时，蓝布袋已经空了。

那个时代，要是听说有人在路上捡到了5毛钱，孩子都要津津乐道地传颂着某人的运气，并张大眼搜寻着自己经过的每一方寸土地。谁又想得到，若干年后，明晃晃躺在地上的10元钱却引不起孩子们瞧一眼的兴趣。

我们坐了一个下午，追忆自己每一段清苦而努力的过程。于是，我替自己和孩子下了一个决定——我们家必须要变“穷”。

我向工作的补习班请了长假，他们同意让我过半年闲散的日子，换换心情，充充电。我再欺骗孩子：妈妈身体不好，必须辞职休养，以后靠爸爸一个人养爷爷、妈妈。外公、外婆，房屋贷款、汽车贷款……重点就是——我们家变穷了，不要说电玩卡带、超人、怪兽买不起，连吃饭都很勉强了。为了“剧情”逼真，我还陆陆续续地向他们兄弟俩借钱——因为妈妈没买菜钱了。

一天早上，大儿子捏着一张黄色的通知单，充满犹豫的眼神说：“妈妈，羊奶不要再订了，一个月要450元，我不想再订了！”我很费了一番唇舌才让他带了钱到学校订羊奶。我也不知道他到底有没有听懂“家里虽然很穷，但订羊奶的钱一定会有”的道理。

但家里既然很穷，做母亲的似乎也不应该驻足任何橱窗或柜台之前了。偶尔，我会忘形地想看清楚某一件衣服的式样，或是某一项电器的售价。这时，儿子会很好意地大声提醒我：“妈妈走啦，不要看啦，我们家那么穷，等你看了喜欢，又买不起，会很痛苦的。”

我能说什么？我只能在路人的侧目与售货员的注视下仓皇而逃了。最尴尬的一次，是在一家书店里，小儿子取下了货架上一盒最小的乐高玩具，央求我买。大儿子在我还没来得及反应时，便夺过玩具，放回货架，高声怒斥弟弟：“还敢买玩具，一盒 100 多块，家里已经没钱买菜了，还要为难妈妈！”我只好牵着正义的哥哥与号啕的弟弟，在众人温暖而同情的注目下离开。

又是一个清晨，但我较平常晚起了半个钟头，狼狈地朝梳洗妥当的大儿子手中塞了 50 元：“对不起，来不及做便当了，到学校订个便当好了。”儿子迟迟没有动，我正不耐烦地想催他，却发觉他的泪水在眼中打转：“我拿走 50 元，你今天有钱用吗？”

到这里，我已经有罪恶感，这一段母子受难记，不能再演下去，留个回忆就够了。这一段贫穷的试炼，不能说没有效果。起码，这两兄弟见到钱包中的钱突然无感，也懂得是种幸福了。眼看着两个儿子都有点守财奴的倾向了，我最近又在想，我是不是该出个点子，让他们知道：金钱其实也没有那么重要，而且我们也没那么穷。

行胜于言

现实是此岸，理想是彼岸，中间隔着湍急的河流，行动则是架在川上的桥梁。

我们从小就读过这样一则古代寓言“蜀之鄙有二僧”

在四川的偏远地区有两个和尚，其中一个贫穷，一个富裕。

有一天，穷和尚对富和尚说：“我想到南海去，您看怎么样？”

富和尚说：“你凭借什么去呢？”

穷和尚说：“我一个水瓶、一个饭钵就足够了。”

富和尚说：“我多年来就想租条船沿着长江而下，现在还没做到呢，你凭什么去？！”

第二年，穷和尚从南海归来，把过南海的事告诉富和尚，富和尚深感惭愧。

穷和尚与富和尚的故事一个简单的道理：说一尺不如行一寸。

有人常常感叹世道不公，为何自己囊中空空，但想一想，如果给你换掉“脑袋”，你是否最终仍会回到原来的模样。

有两个人，一个体弱的富翁，一个健康的穷汉。两个相互羡慕着对方。富翁为了得到健康，乐意让出他的财富；穷汉为了成为富翁，随时愿意舍弃健康。

一位闻名世界的外科医生发现了人脑交换方法。富翁赶紧提出要和穷汉交换脑袋。其结果，富翁会变穷，但能得到健康的身体；穷汉会富有，但将病魔缠身。

手术成功了。穷汉成为富翁，富翁变成了穷汉。

但不久，成了穷汉的富翁由于有了强健的体魄，又有着成功的意识，渐渐地又积起了财富。可同时，他总是担忧着自己的健康，一感到些轻微的不舒服便大惊小怪。由于他总是那样担惊受怕，久而久之，他那极好的身体又回到原来那多病的状态里；或者说，他又回到以前那种富有而体弱的状态中。

那么，另一位新富翁又怎么样呢？

他总算有了钱，但身体属弱。然而。他总是忘不了自己是个穷汉，有着失败的意识。他不想用换脑得来的钱相应地建立，种新生活而不断地把钱浪费在无用的投资里，应了“老鼠不留隔夜食”这句老话。

钱不久便挥霍殆尽，他又变成原来的穷汉。然而，由于他无忧无虑，换脑时带来的疾病不知不觉地消失了。他又像以前那样有了一副健康的身子骨。最后，两个都回到了原来的模样。

实际上，在这篇文章中描述的“穷汉成为富翁，富翁变成了穷汉”的道理，引人深思。

“穷大方”不可取

英国与美国比，不算是富有的国家，但与中国比，算是富有的国家。因此，按理英国人应该比中国人大方，但实际上他们比中国人“小气”多了。

在英国的大学里，教师有自己的办公室和电脑，可以到系办公室随便拿笔、纸、胶水、信笺等文具用品，而且从不用登记。作为访问学者的我，同样享有这些待遇。除了在办公室可以拿到纸外，在电脑中心、在自动复印机里，你随时随处都可拿到质地非常好的A4纸，这意味着，我可以无节制地用纸。但是，我却因为纸难堪过。

在英国期间我参加了一个由6人组成的课题小组。课题由我的导师玛丽主持。她是一位心直口快的女士。在我刚到时，她让我为课题的某一项写点儿材料。这是导师第一次布置给我的任务，我下决心要全力以赴弄好。所以我认真查阅资料，冥思苦想，经过几天的努力，终于写完了。我用从系里领来的A4纸抄好，兴冲冲地到她的办公室交差，满以为会得到导师的赞扬，可是没想到，她的第一句话却给我当头一棒：“你怎么能用这么好的纸来写呢？这是浪费。你应该用用过的纸的反面写，这种纸只有在打印、复印时或抄正式的文稿时才用。”当时她神色严肃，弄得我尴尬不已，无地自容。直到现在，每当我想用干净的白纸打稿或随便写几个字时，我似乎都感觉到她那责备的目光在监视着我。

在英国，学生经常与导师面谈，讨论课题、检查布置学习情况。在每次的面谈里，导师边讲边做记录，面谈后再将记录拿去复印，然后导师、学生各存一份，待下次见面时要将上一次见面的记录拿来，以让导师检查学生是否完成上次面谈布置的任务，或继续上一次的话题。我发现，我的导师用来记录的的纸全是已经用过一面的。后来我发现在系里她并不是唯一“小气”的人。在系办公室里，总有一大沓“废纸”，这些所谓的废纸，或是因电脑出差错而使打印出现乱码的纸，或是多印的材料、课题表，或是从学生交上来的作业本中撕下未用完的部分。这些“废纸”都是供老师平时随便写写画画用的。虽然老师可以随时不受限制地用没用过的好纸，但老师们都自觉地用办公室里用过一面的所谓的“废纸”。在我所在系的每个教师办公室里，都有一个垃圾桶和一个废纸回收箱。教师们从不会将废纸，哪怕是一片小纸屑扔进垃圾箱，而是扔进回收箱。

中小学生不用买课本。他们用的课本一般都是上一年级学生留下的。这样不仅能减轻家长的负担，而且每年还节省了大量印教材的纸。在我刚到英国时，我的一个中国朋友说起她发现一位外出的英国人吃苹果时居然连核都吃进肚里，我听后说：“他们就是那么‘小气’，我还见过英国人在吃完蛋糕后，将手指的奶油舔干净呢。”我的朋友立即反驳我说：“这与舔手指是两码事。”

我们当时也不明白他为什么连苹果核都吃，以为他是节约。问其原因，才知道他是为了不乱扔苹果核，以保护环境的干净。”

我到朋友家玩，她领我参观她家的厨房时说，这是洗碗机，我们平时不用，只有在周末或人多的时候用。她说她这样做是为了保护环境。开始，我认为她是虚伪，明明是小气，舍不得水电钱，还想标榜自己爱护环境。后来我与她接触多了，才发现她的“小气”真的是为了保护环境。她虽然说不上腰缠万贯，但确实算得上家道殷实，这点水电费对她来说简直不值不提，而且她为非洲饥民或慈善事业捐款时，总很慷慨的。我一直暗暗为自己对她的误解而羞愧。

后来，我还发现他们对环境保护确有慷慨的一面。他们很注意保护野生动物他们不仅不杀害它们，而且还千方百计地保护它们，处处为它们着想。英国人家里一般不养鸟，却有许多人买鸟食。他们将鸟食放在自家院子的小笼子里，这样松鼠、老鼠等别的动物吃不到鸟食，鸟却可以轻而易举地将头伸进笼子里用餐，然后拍着翅膀心满意足地离开。在英国有钱人一般住在城外，住在市区市政府公房的人，特别是住在无院子的公寓的人，一般收入较低。但这些人中也有人在阳台上挂一个鸟食笼喂鸟。英国人虽然养鸟，但鸟却不属于自己，而是属于大自然。这确属慷慨之举。我曾与朋友 Shiriey 一家乘船游英国最早的运河。在我们游玩的运河里，一路上有许多野鸭自由自在地在河里寻觅食物，Sir1cy 将事先切好的一袋面包片不断地抛向野鸭。看着野鸭欢畅地抢食，我真为它们感到庆幸，因为如果上帝把它们安排在别的国家，那么它们的命运恐怕就不那么好了。

在英国这个岛国上，你经常可以看到一群群的海鸥、鸽子以及不知名的飞禽或优雅地徘徊盘旋，或激昂地翩翩翱翔，或闲散地栖息于建筑物和树上。回国后我非常留恋这种美丽的景象，但我更欣赏英国人爱护大自然所具有的“小气”和“慷慨”的绿色意识。我常常想，要是我也学会那样“小气”和“慷慨”，那该有多好啊！

纠正吝啬心理

吝啬之人非常看重自己的财富与利益，为了既得利益，可以六亲不认，对别人的苦楚显得冷漠无情，毫无怜悯之心，甚至落井下石！

朱某独自前来心理门诊，向医生陈述：“我公公是一位八旬老人，养育有 5 个儿女，可是儿女在父亲丧失劳动能力后，一个也不愿赡养。我是三儿媳，看着大家都不管，也不想揽这费力不讨好的事。儿女们个个怕吃亏，都不想负自己应负的责任。我信奉的是勤俭持家，盼着能攒个万儿八千的，把房子修修，添些家什，可我丈夫老说我抠，还叫我‘铁公鸡’什么的，我知道他是嫌我不争气，给他养了个女儿，使他在兄弟中抬不起头，其实我也不喜欢女娃儿，可那事儿能全怪我吗？”

“我女儿今年 8 岁了，什么都好，就是抠门，不疼人，都说女娃儿知道心疼人，怎么我家的就不一样？我也不知哪点儿对不住她了！我现在感到自己孤立无助，很难与别人相处，也不愿意与别人相处，相处得多了自己难免破费，你说我该怎么办呢？”

患者朱某的情形，从心理学角度来说，是异常心理中的吝啬心理的具体表现。其吝啬心理主要表现是：

其一，不愿意赡养老人，认为这是“费力不讨好的事儿”；其二，对钱财过分吝啬，以至于其丈夫说她“抠”还称她为“铁公鸡”；其三，想生儿子而歧视女孩，这实质上是一种感情上的吝啬心理。

吝啬作为一种自私、冷漠的病态行为有极大的危害性。

首先，它违背了人类社会应有的仁爱观念和人道主义精神。

其次，物质与精神上的吝啬将会对一些社会成员造成精神及肉体上的伤害。试想，被子女抛弃的老人，被父母遗弃的女孩，他们将会面对怎样的惨境？一个被父母重养轻教长大的孩子，他们的灵魂又有多么空虚？一个面临困境向他人伸出求援之手的人，得到的只是白眼，他的心里有多痛苦？作为人，实在不该有吝啬之心。‘人非草木，孰能无情’？人与动物的最大区别就在于人具有社会性，人与人之间存在着各种互助关系，相互关心、帮助是人类美好的属性。吝啬之人极度自私，不给别人任何帮助，将人的本性降格为动物般的本性。吝啬破坏了人类美好的社会关系、伦理关系与道德关系。吝啬之人也必将受到社会的谴责与遗弃。人活在世上，需要钱，但更需要亲情与友谊。小气冷漠，只会割断亲情，使自己成为孤家寡人。赡养老人养育独生女是公民应尽的义务，否则，天理难容。过去曾受到的不公正的待遇，不必萦怀心头，而要理智地看待。关心与帮助历来是相通的，每个人都有需要别人帮助的时候，今天帮人一把，日后自己有难处，也定会得到他人的关心。

你虽有勤俭持家之心，却错把吝啬当成勤俭中的吝惜。吝啬与吝惜不同，吝惜指对所有财物（包括个人与公家的）十分珍惜，不浪费，不大手大脚，是一种勤俭节约的好行为，好品德。教育家徐特立早年在长沙办学，非常勤俭，常将别人丢弃的半截粉笔拿来写字，还赋诗道："半截粉笔犹爱惜，公家物件总宜珍。诸生不解余衷曲，反谓余为算细人。"

医生说道："你吝惜太过分，就成为吝啬了，吝啬是为人所厌恶的。"

朱某："哦，原来是这样，我还以为我是勤俭，还很委屈呢！"

"此外，你的吝啬心理还与焦虑有关。你存在着急于发家的心理及自己不喜欢女孩，又怕丈夫不喜欢女孩的矛盾心理而产生的焦虑情绪。"

朱某："是的，看见别人发家，过好日子，心里时常焦急，加上丈夫时常埋怨我，我就更烦躁了。"

心理医生："精神分析学家们认为，焦虑是人的行为的基本能力。弗洛伊德将焦虑分为三类：即由环境中存在的现实危险所引起的现实焦虑；由害怕控制不住本能冲动而引起的神经质焦虑；由害怕自己违背社会规范而引起的道德焦虑。焦虑令人不快和紧张，要设法降低或克服它，个人所做的一切作为就是为了避免或降低各种焦虑。有些人将现实生活风险估计过高，对自己的能力与实力估计过低，为了应付焦虑，就建立起自我防御机制。你的吝啬就可能属于自我防御型，怕失去自己手中的财产以及富裕的生活。"

朱某："是的，确实是这样！"

心理医生："你歧视女孩，也是一种感情上的吝啬，而且事实上已造成对她的伤害。你不是说她也很抠门，且不晓得心疼人吗？这正是你的感情吝啬对她造成伤害和影响，使她也同样有吝啬心理的症状。如果父母以上述一种或多种行为对待儿童，那么儿童将对父母产生基本敌意，这种敌对态度最终又将折射到周围的一切事物和任何人上。可以这样认为，有许多吝啬者从小很少甚至从未从父母那里得到爱与关怀，致使他们不懂得如何去爱别人。他们很少与父母有情感上的交流，因此对他人的艰难处境不会引起心理共鸣。他们看到需要资助或帮助的人，往往这样想：这不关我的事。心安时得地把责任推给别人。所以，你应该对家中老人、孩子我一些爱心。付出一份爱心，必有相应的收获。"

在医生的启发下，经过几个月的心理调适，患者朱某开朗明白多了，她参加了许多社会公益活动，同老人、女儿的关系大为改观，邻居们也说她乐于助人，与以前相比简直是变了一个人。

第11章

端正心态，拥有好习惯

端正心态，不要自己打败自己

要取得事业成功、生活幸福，重要的是要有良好的心态，要敢于对自己说："我行！我坚信自己！我是世界上独一无二的人！"

1862 年 9 月，美国总统林肯发表了将于次年 1 月 1 日生效的《解放黑奴宣言》。在 1865 年美国南北战争结束后，一位记者去采访林肯。他问："据我所知，上两届总统都曾想过废除黑奴制，《宣言》也早在他们那时就已起草好了，可是他们都没有签署它。他们是不是想把这一伟业留给您去成就英名？"林肯回答："可能吧。不过，如果他们知道拿起笔需要的仅仅是一点勇气，我想他们一定非常懊丧。"林肯说完匆匆走了，记者一直没弄明白林肯这番话的含义。

直到 1914 年林肯去世 50 年后，记者才在林肯留下的一封信里找到了答案。在这封信里，林肯讲述了自己幼年时的一件事："我父亲以较低的价格买下了西雅图的一处农场，地上有很多石头。有一天，母亲建议把石头搬走。父亲说，如果可以搬走的话，原来的农场主早就搬走了，也不会把地卖给我们了。那些石头都是一座座小山头，与大山连着。有一年父亲进城买马，母亲带我们在农场劳动。母亲说，让我们把这些碍事的石头搬走，好吗？于是我们开始挖那一块块石头，结果不长时间就把它们都搬走了，因为它们并不是父亲想象的小山头，而是一块块孤零零的石块，只要往下挖一英尺，就可以把它们晃动。"

林肯在信的末尾说：有些事人们之所以不去做，只是他们认为不可能。而许多不可能，只存在于人们的想象之中。

这个故事很有启迪性，它告诉我们，有的人之所以不去做或做不成某些事，不是因为他没这个能力，也不是客观条件限制，而是由于他的心态。他内心的自我想象首先限制了他，是他自己打败了自己。

明人吕坤说：使我消灭的，正是我自己。人不被自己消灭，又有谁能消灭他？

吕坤的这番话，我们可以理解为“咎由自取”“自作孽，不可活”，就是说使自己身败名裂的根本原因，正在于自己的恶行。我们从个人成功的角度来理解，也可理解为自己所以不成功，就是由于自己首先打败了自己。

台湾作家三毛曾列举了负面和正面的与“自己”有关的心态和行为，各有14种——

自怜、自恋、自苦、自负、自轻、自弃、自伤、自恨、自利、自私、自顾、自反、自欺加自杀，都是因为自己。

自用、自在、自行、自助、自足、自信、自律、自爱、自得、自觉、自新、自卫、自由和自然，也都仍是出于自己。

我们可以看到，负面的心态以及行为，会将我们引向失败甚至毁灭；而正面的心态及行为，则能使我们成功和幸福。这种消极的或积极的心态，林肯称之为“自我想象”，美国成功学家马尔登称之为“自我心像”。他说：自我心像的发现，是20世纪最重要的发现之一。我们全都拥有心理的蓝图或是以我们自己为主的图像，虽然我们并不一定能够完全实现它，我们也许并不能感觉到它的存在，但它确实是存在的。我们所有的行动与情绪都是和我们的自我心像一致的。你认为你是怎样的人，你就会采取怎么样的行动。认为自己是“失败者”的人，将会走上失败之路，不管他如何努力想要获得成功，甚至即使他遇到很多好机会，也一定会失败。认为自己“运气不佳”的人，将会设法证明他自己确实是“坏运气”的受害者。

马尔登举例说，对自己缺乏自信的推销员，将会带着一种沮丧的表情去面对他所要争取的客户，他几乎差点儿为自己的存在提出抱歉。如此，当然要遭到人们的拒绝，因为他将会动摇客户的信心。

这使人想到日本松下幸之助的故事。当松下公司还是个乡下小厂时，松下去推销自己的产品。遇到有些客户拼命要压低价格时，松下决不因自己推销的是小公司的产品而低声下气地哀求，而是堂堂正正、不卑不亢地说：“我厂是小厂，炎炎夏日，工人们在炽热的铁板上加工产品，汗流浃背，好不容易制造出产品。依照正常的利润计算方法，应当是××元。现在你开的价让我们感到切肤之痛。务请用××元承购。”正是这种坚定的自信，使客户接受了松下的价格。

分析许多人失败的原因，不是因为天时不利，也不是因为能力不济，而是因为自我心虚，自己成为自己成功的最大障碍。有的人缺乏自重感，总觉得自己这也不是、那也不行，对自己的身材、容貌不能自我接受，时常在人面前感到紧张、尴尬，一味地顺从他人，事情不成功总觉得自己笨，自我责备、自我嫌弃；有的人缺乏自信心，怀疑自己的能力，内心中的自我是一个可怜的、脆弱的、需要别人帮助的弱小形象；有的人缺乏安全感，疑心太重，总觉得别人在背后指责和议论自己，对他人的各种行为充满了戒备心，容易产生嫉妒；有的人缺乏胜任感，不相信自己也能创造、发明，工作中缺乏承担重任的气魄，甘心当配角，而生活中常常被别人的意见所支配，无论职业角色还是家庭角色都显得难以胜任；有的人个性畏缩，或虚假地表现自己，为掩饰自己的短处或缺点，夸张地表现自己的长处或优点，或以衣着奇特来自我“打气”，追求虚荣……这样的人，他们真正的敌人正是他们自己。

要取得事业成功、生活幸福，重要的一点是要有积极的自我心像，要敢于对自己说：“我行！我坚信自己！我是世界上独一无二的人！”就像释迦牟尼诞生时，一手指天，一手指地，说：“天上地下，唯我独尊。”决不能让自卑感击败自己。球王贝利在初进赛场时，曾十分自卑。作为一名黑人球员，他总担心那些著名的球星看不起他。他经常想：“如果他们在场上戏弄我，然后把我当作白痴似的打发回家，我该怎么办？”所幸的是，贝利终于战胜了自卑，他发现自己原来可以做得那么好，比任何人都好。马克思说：“伟人们之所以看起来伟大，只是因为我们自己在跪着。站起来吧！”自卑正是使你下跪的原因，而跪着的你，并不是你真正的高度。你要相信自己也能创造奇迹、成就事业，这就是自信。自信会帮助你实现自己的愿望。退一步讲，即便因客观原因你没有实现自己的愿望，但你可以自豪地说：“我失败了，但虽败犹荣。我没有亏待我的生命，我体现了我的价值。”

做永远充满自信的人

自信能给你勇气，使你敢于向任何困难挑战；自信使你急中生智、化险为夷；自信更能使你赢得别人的信任，帮助你成功。

日常生活中，一个人只要有自信，那么他就能成为他希望成为的那样的人。

心理学家做过这样的实验。他们从一班大学生中挑出一个最愚笨、最不招人喜爱的姑娘，要求她的同学改变已往对她的看法，大家也真的打心眼里认定她是位漂亮聪慧的姑娘。不到一年，这位姑娘便奇迹般地出落得漂亮起来，气质也同以前的她判若两人。她对人们说，她获得了新生。确实，她并没有变成另外一个人，然而在她身上却展现出每一个人都蕴藏的美，这种美只有建立在强烈的自信心上，才会展现出来。

那么，自信心是如何培养起来的呢?

许多人以为，信心的有无是天生的，其实并非如此。童年时代受人喜爱的孩子，从小就感觉到自己是善良的，聪明的，因此才获得别人的喜爱，于是他就尽力使自己的行为名副其实，造就自己成为自信的那样的人。如果你想进行自我改造、自我管理，进行某方面的修养，你就应首先了解自己，认识自己，根据自身的条件和实际的可能，使自己的长处得到发挥，这样，你就会感到自己并不比别人笨，你有不及别人的地方，别人同样有不及你的地方。自信心便会由此产生并不断增强。

下面介绍日常生活中几种增强自信心的简易方法，你如能熟读这些原则，并有意识地努力实践这些原则，就一定能成为充满自信的人。

（1）要做好坐在前面的思想准备

你大概已发现，不论是什么样的集会，总是后面的座位先坐满。许多人愿意坐到后排，那是因为自己不想为人注目，不想引人注意，这很多是由于缺乏自信心的缘故。你要反其道而为之，坐到前面去，给自己带来信心。

（2）养成盯住对方眼睛的习惯

正视对方的眼睛，无异于在向对方说明，你所讲的我是懂的，你对于我不是居高临下，而是平等的，我对你并不存在什么惧怕心理，我有信心赢得你的敬重。

（3）将走路速度提高 10%

心理学家认为，人们通过改变自己动作的速度，实际上也可以改变自己的态度。如果你走路比一般人快，就像是在对世间这样说：我必须赶紧到很重要的地方去，那里有重要的工作非我去做不可，而且，在 15 分钟内，我将出色地完成这一工作。

（4）主动和别人说话

养成主动与人说话的习惯也很重要，越是主动和人谈话，信心就越强。以后与人交谈就越容易了。闭门独思、自我封闭的态度，无异于对自信心的扼杀。

（5）请默念一些经过时间检验的谚语来增强

自信心诸如“有志者事竟成”“积少成多、聚沙成塔”“黑暗中总有一线光明”“错误是难免的”“说不行的人永远不会成功”等等。在你开始怀疑自己的能力时，就去想一想这些谚语，并对之深信不疑，此时，自信心就会倍增。

（6）要放声地笑，不要笑而不露

笑能给人增添信心，这是多数人所经常体验到的。放声的笑表明了“我有信心，我是一定能行的。”但要记住，培养起自己对事业的必胜信念，并非意味着成功便唾手可得。自信不是空洞的信念，它是以学识、修养、勤奋为基础的，缺乏自信则是以无知为前提的。前者令人肃敬，后者受人讽嘲。

自信与骄傲仅仅一步之遥，骄傲是盲目的，自信是清醒的；骄傲更多的是留恋于已有的，自信则主要关注未来。

高尔基曾说过：“只有满怀自信的人，才能在任何地方都把自信沉浸在生活中，并实现自己的意志。”朋友，你若想获得事业的成功，那么，请不要学习马与鲮鱼的习性，及早培养起应有的自信心。只要心中充满着坚忍不拔的自信，成功之路就会展现在你的足下。

告别和改变消极的心态

那些只看到生命中丑恶肮脏和令人不快一面的人，将会受到致命的惩罚。他们的消极心态会引导他们一步步接近他们所担心的那些东西。

人的思想是一块磁铁，能吸引那些与它本身相似的东西。如果你的心灵老是想着贫穷和疾病，那么，这种思想就会给你带来贫穷和疾病。一般来说，与你思想相左的现实是不大可能产生的，因为你的心态和思想中已经有了你生命的蓝图。你的任何成功首先都是因为你有成功的思想。

如果你总是消极地想象自己可能事业不顺，并总是做这样的准备和担心，如果你总是抱怨时运不济，如果你总是担心事业不可能有好的结果，那么，你的事业就真的不会有好结果。无论你多么努力工作以期取得成功，如果你头脑里充满着担心失败的悲观思想，那么，你的这种思想将会使你的努力付之东流，从而使得你不可能取得希望中的成功。

担心失败的思想和担心面临贫穷的悲观消极主义，往往使许多人无法在获得财富方面取得他们渴望的成功，因为这些担心和忧虑减弱了他们的活力，束缚了他们的手脚，使他们不能卓有成效地开展工作，而有效的、富于创造力的工作则是人们取得成功的必备条件。

建设性地看待一切事情的习惯；从好的一面和充满希望的一面看待事物的习惯，从有把握的和确定性的一面而不是从相反的角度看待事物的习惯；相信事物会朝最好的方向发展的思想习惯；相信正义将最终取胜，相信真理最终将战胜谬误的思想习惯；相信和谐和健康是现实存在，而混乱和疾病不过是暂时现象的思想习惯，就是乐观主义者的态度，这种态度最终将改造世界。

乐观主义是建设性的力量。乐观主义之于个人犹如阳光之于植物。乐观主义便是心中的阳光，这种心灵中的阳光构筑了生命和美丽，促进了它范围所及的一切事情的发展。我们的心理能力在这种心灵阳光的照射下茁壮成长，正如花草树木在太阳光的照射下茁壮成长一样。

消极主义是悲观的，它是破坏活力和束缚个人发展的黑暗地牢。那些总是只看到事物阴暗面的人，那些总是预测自己可能不利和失败的人，那些只看到生命中丑恶肮脏和令人不快一面的人，将受到致命的惩罚。他们会使自己一步一步接近他们所担心的那些东西。

没有任何东西能吸引和它完全不同的东西。每样东西都展现出自己的特质，并吸引和它相类似的东西。如果一个人想获得幸福和财富，那他必须拥有健康的思想，他必须拥有富足的思想，他绝对不能画地为牢，作茧自缚，而陷于恐惧、担心贫困的人通常会陷入贫困的境地。

如果你想获得快乐，你就不能老想着那些苦恼烦心的事。如果你想获得财富，你就不应继续考虑和担心贫穷。你不能使自己与你恐惧的事情发生任何联系。你所担心的那些事情是你前进道路上的致命敌人。与它们隔绝开来，将它们驱逐出你心灵的王国，努力忘掉它们。尽可能坚定地想那些相反的思想，这样，你将会惊异地发现，你会多么迅速地获得你所期盼、所渴望的东西啊！

在工作和追寻目标的过程中，我们所持的心态与我们最终的成就有着千丝万缕的关系。如果你被迫去完成自己的工作，如果你是以作苦差事的奴隶一般的态度去从事你的工作；如果你在工作中不抱任何大的希望，甚至你在工作中看不到任何希望，觉得工作只不过是聊以糊口、勉强度日而已；如果你看不到未来的曙光；如果你只看到贫困、匮乏和你整个一生的艰难；如果你认为自己命中注定要过如此艰难的生活，那么，你就决不会拥有成功、财富与幸福。

相反，不管你今日如何贫穷，如果你能看到更好的将来；如果你相信自己有朝一日会从单调乏味的工作中崛起；如果你相信自己有朝一日会从目前的陋室搬进温馨、舒适、怡人的住宅；如果你方向明确，如果你的眼睛紧紧盯着你希望达到的目标，并相信你完全有能力达到你的目标，那么，你必将有所作为。

一定要保持这种信念——我们有朝一日会做成现在看来不可能做成的事。我们必须坚定地持有这种心态，我们将来能完成它，无论有多少艰难险阻，只要我们坚持自己的信念，使我们的心灵保持创造力，使我们的心灵成为一个能吸引我们所渴望的事物的磁场，那么，我们的信念、理想就一定能够实现。

没有哪个充满自信、肯定自我能力，并朝着自己的目标全力以赴、勇往直前的人竟然无法取得成功。雄心和抱负先是鼓舞人心，然后才被实现。

一定要使自己保持一种积极向上、奋发有为的心态。任何时候都不能让自己怀疑自己最终能否在事业方面取得成功。

这些怀疑是极其可怕的，会毁灭人的创造力，消磨人的雄心。你一定要不断地对自己说：“我必定会拥有我所期盼的，这是我的权利，我将来肯定会拥有我所期盼的一切。”

如果你的头脑中始终坚持这种思想，即你生来就是要取得成功，就是要拥有健康和幸福，你生来就是有用之人，除了你自己，世界上没有任何东西能阻止你得到这一切，那么，这种思想将会产生一种累积的、渐增的效果。

一定要养成一种坚信自己最终将会获胜、将会取得成功的良好习惯，一定要坚定地树立这种信念，这样，你很快就会惊异地发现，你极其渴望、期盼和你努力为之奋斗的目标是完全能够实现的。

用热忱构筑人生的乐园

没有热忱态度的人就等于没有在生活中奋勇向前的驱动力。

热忱可以给人带来巨大的财富，那么，你想成为一个热忱的人吗？这里有一个处方把它推荐给你，如果你能够照着做，天长日久你便会成为一个热忱的人。这份处方不但可以使你立即拥有热忱及正确的心态，而且 24 小时“随时待命”。你会变得精力充沛、神采奕奕、事半功倍。热忱会成为你的生活方式，为你成功做好准备。它还能吸引许多美好的事物及同伴，使生活充满了乐趣。

麦克阿瑟将军在南太平洋指挥盟军的时候，办公室墙上挂着一块牌子，上面写着这样的座右铭：

你有信仰就年轻，疑惑就年老；

你有自信就年轻，畏惧就年老；

你有希望就年轻，绝望就年老；

岁月使你皮肤起皱，但是失去了热忱，就损伤了灵魂。

这是对热忱最好的赞词。培养并发挥热忱的特性，就像我们对我们所做的每件事情，都加上了火花和趣味。

一个热忱的人，无论是在挖土，或者经营大公司，都会认为自己的工作是一项神圣的天职，并怀着深切的兴趣。对自己的工作热忱的人，不论工作有多少困难，或需要多大的训练，始终会用不急不躁的态度去进行。只要抱着这种态度，任何人一定会成功，一定会达到目标。爱默生说过：“有史以来，没有任何一件伟大的事业不是因为热忱而成功的。”事实上，这不是一段单纯而美丽的话语，而是迈向成功之路的航标。

热忱是一种意识状态，能够鼓舞及激励一个人对手中的工作采取行动。而且不仅如此，它还具有感染性，不只对其他热心人士产生重大影响，所有和它有过接触的人也将受到影响。

热忱和人类的关系，就好像是蒸汽和火车头的关系；它是行动的主要推动力。人类最伟大的领袖就是那些知道怎样鼓舞他的追随者发挥热忱的人。热忱也是推销才能中最重要的因素。

把热忱和你的工作混合在一起，那么，你的工作将不会显得很辛苦或单调。热忱会使你的整个身体充满活力，使你只需在睡眠时间不到平时一半的情况下，工作量达到平时的两倍或三倍，而且不会觉得疲倦。

多年来，拿破仑·希尔的写作大都在晚上进行。有一天晚上，当拿破仑·希尔正专注地敲打打字机时，偶尔从书房窗户望出去——他的住处正好在纽约市大都会高塔广场的对面——看到了似乎是最怪异的月亮倒影，反射在大都会高塔上。那是一种银灰色的影子，是他从来没见过的。再仔细观察一遍，拿破仑·希尔发现，那是清晨太阳的倒影，而不是月亮的影子。原来已经天明了。他工作了一整夜，但太专心于自己的工作，使得一夜仿佛只是一个小时，一眨眼就过去了。又继续工作了一天一夜，除了其间停下来吃点清淡食物以外，未曾停下来休息。

如果不是对手中工作充满热忱，而使身体获得了充分的精力，拿破仑·希尔将不可能连续工作一天两夜，而丝毫不觉得疲倦。

热忱并不是一个空洞的名词：它是一种重要的力量，你可以予以利用，克服自己对一些事物毫无兴趣的弱点，使自己获得好处。没有了它，人就像一个已经没有电的电池。

热忱是股伟大的力量，你可以利用它来补充你身体的精力，并发展成一种坚强的个性。有些人很幸运地天生即拥有热忱，其他人却必须努力才能获得。发展热忱的过程十分简单。从事你最喜欢的工作，或提供你最喜欢的服务。如果你因情况特殊，目前无法从事你最喜欢的工作，那么，你也可以选择另一项十分有效的方法，那就是，把将来从事你最喜欢的这项工作，当作是你的明确的目标。

缺乏资金以及其他许多种你无法当即予以克服的环境因素，可能迫使你从事你所不喜欢的工作，但没有人能够阻止你在自己的脑海中决定你一生中明确的目标，也没有任何人能够阻止你将这个目标变成事实，更没有任何人能够阻止你把热忱注入你的计划之中。

热忱能带领你迈向成功。

每当评估一个人的时候，总要考虑到他的才干和能力。同时考量这个人所深藏的热情也是很重要的。

因为如果你有热情，几乎就所向无敌了。

要是你没有能力，却有热情，你还是可以使有才能的人聚集到你身边来。假如你没有资金或是设备，若你有热情说服别人，还是有人会回应你的梦想的。

热忱就是成功和成就的泉源。你的意志力、追求成功的热忱和热情愈强，成功的概率就愈大。

热忱是一种状态——你 24 小时不断地思考一件事，甚至在睡梦中仍念念不忘。事实上，一天 24 小时意识清楚地思考是不可能的。然而，有这种专注却很重要。如果真这么做，你的欲望就会进到潜意识中，使你或醒或睡都能集中心智。

热忱可使你释放出潜意识的巨大力量。在认知的层次，一般人是无法和天才竞争的。然而，大多数的心理学家都同意，潜意识力量要比有意识的大得多。一家小公司不可能梦想很快就招募到一批奇才。但是，我们相信，如果发挥潜意识的力量，即使是普通人也能创造奇迹。

不过，我们需要记住的是，热忱要单纯。

真正的热忱常能带来成功。但如果热忱是出于贪婪或自私，成功也就如昙花一现。如果你对正义毫无感觉，凡事都以自己为出发点，同样的热忱也许一开始会让你尝到成功的甜头，最后还是不免倒下。

能否成功，最后还是要看我们潜意识里的欲念是否单纯。

最理想的情况莫过于去除我们自身的自私，凡事利他助人，并且单纯地希望增进人类和社会的幸福。但是对我们这些凡人而言，要根除自私自利与贪婪是不可能的。对于这点，我们不用觉得羞愧。以自我为中心的欲念就是我们得以生存下来的机制。然而，我们也要试着去控制这种欲念。至少我们该转移工作目标：我们不光是为了自己而工作，更是为了群体。把工作目标从自己身上转移到他人，欲念就会变得单纯，热忱就会变得持久。更高的力量把自己那无助而单纯的念头带进潜意识中，让热忱激发，让人生快乐。

只有不满足现状才能进取

自我满足是诱惑的温床，疾病的摇篮，也是时间的浪费者，福祐的吞食者。只有不断的进取，才能完成崇高的使命和创造人生的辉煌。

生活中最悲惨的事情莫过于看到这样的情形：一些雄心勃勃的人满怀希望地出发，却在半路上停了下来，满足于现有的温饱和生存状态，然后漫无目的地走着以后的路。

满足于平庸生活的人是多么的可悲呀！他对于人生中更伟大、更美好的东西竟然毫无兴趣！当你满足于现有的生活和工作，满足于现有的思想和梦想，满足于现有的性格和理想时，你已经开始退化了。

对于一个满足现状的人来说，他没有任何更好的想法、更美的愿望，他不知道，是不满足造就了人类伟大的精英。而只有进取心才会促使我们改变现状，只有不满足的激情才会激励我们去追求完美。这也是人类进步的奥秘。

不少年轻的朋友，也许不会理解，如果进步的愿望足够有力，在你更为积极的努力下，你可以把目前已经满意的事情做得更好。作为一个雇员，你也许认为自己已经做得足够好了，能够恪尽职守，忠于雇主，勤奋工作，但是，如果有一笔巨额的资金要奖赏给那些在未来60天内把工作提升到更高水平的员工，你是否还可以有效改进目前已经满意的工作呢？

作为一个员工，你觉得目前的工作已经做得最好了，可以引以为荣。但是，如果你自己是公司的老板而不是员工，你是不是一定可以把工作的质量提高到更高的档次呢？你一定可以找到恰当的方法来做到这一点。你是否也这样想，如果多一点进取心，如果更好地利用时间，你将会变得更加卓有成效，也更有经验。在工作过程中，是不是你想到的更多的是自己的薪水，而不是如何吸收雇主的成功经验？在看到商品受损或者产生浪费时，你是不是袖手旁观，而不是设法阻止？你是不是曾经因为粗心大意而惹了很多麻烦？你是不是认为如果有高额度的奖金，你就会对手头的工作更有兴趣，也更容易做出更大的业绩？

这么多年轻人满足于自己的现状，是一件多么可悲的事情呀！他们没有任何过高的期望，没有对更大成就的期待。

许多能力出色的雇员也满足于平庸的生活，他们好像对自己能力所及的更高职位也无动于衷。有这样一个雇员，他的才能甚至比他的老板还要出色得多，但是多年以来他却一直是个普通的职员，他始终抱着最简单的生活目的。虽然别人多次鼓励他自己创业，暗示他可以做得比老板更出色。他却说："我为什么要去做更大的生意呢？我为什么要去承担更多的责任呢？我要考虑的只是我自己，而不是别人。我需要尽情享受生活，而不是自寻烦恼。虽然我知道，如果愿意的话我一定可以成功，但是，自己创业是需要花费心血的呀！"

当然，一个人职位越高，他所承担的责任越多。但是，只要想到能充分发挥自己的全部才智所带来的满足感，只要想到能像一个真正的男子汉一样把成功的喜讯传向世界所带来的成就感，想到利用自己所有的机会和禀赋而完成了肩负的使命，那么，付出多少努力与代价，承担多少责任和风险都是值得的！

我们很有可能成为自己所期望的样子。如果我们总是期望更高、更好、更神圣的东西，并为此付出艰苦的努力，我们就一定会达到自己的目标。如果我们的雄心能够主宰自己的全部思想和行动，那么，这种雄心很容易变为现实。但是，如果我们的愿望是肮脏低级的，那么，我们自己本身也会沾染这些品质。因为理想怎么样，我们的生活就会怎么样。

在社会需要的压力下，在人类渴望美好事物的进取心的指引下，人类文明获得了长足的进步。只要我们尽力做好本职工作，不断付出努力，尚未实现的理想也会变为现实。

人们努力地爬向更高、更舒适的位置，努力去接受更好的教育，努力把自己塑造得更加优雅和高尚，努力获得更多财富和追求更高的社会地位。这种努力塑造了我们的性格，增强了我们的力量。这种推动生命向上的力量，也使别人对我们充满了信心。

当我们取得了一点成功，当我们赢得了一点公众的赞美，又有多少人想到过就此打住，放弃下一步的努力？但如果我们满足于现状，那么我们就会失去力量，一种懈怠和厌倦的感觉就会左右我们，使我们一蹶不振。

最初的成功，尤其是早期的成功，对许多人来说就像鸦片，会麻醉和麻痹他们的心灵，而只有不满足和恒久的进取心才能消除这种不良的情绪。与获得最初的成功相比，一直迫使自己去做好本分的工作，往往需要更多的勇气和更坚强的意志。

满足于现状的最大的敌人是懈怠。舒适的诱惑和对困难的恐惧征服了许多人。当满足于现状的想法滋生后，进取心就会有时不够坚韧，所以并不总是能战胜懈怠这个大敌，不能把人们一如既往地引向更美好的事物。而安于平庸则是懒惰的先兆。有一首诗这样说——

想要攀登到顶峰，
想要呼吸到至纯空气的人，
一定不会轻易休息，
而是坚持着攀登。

世界上最困难的事情，莫过于帮助那些缺乏进取心、容易满足、安于现状的人。他们天性中缺乏足够的自我要求来激励自己前进，没有足够的进取心来开创事业，更没有足够的忍耐力来完成艰苦的工作。

如果一个年轻人非常满足于在平凡的生活中随波逐流，安于已经取得的成就，对大部分未被利用的潜力无动于衷，那么，我们对他就无能为力了。如果没有足够的进取心，他就不会付出努力，不会展现自己，也就不会创造出什么成果。

只有做一个不满足于现状、追求完美、精益求精的年轻人，他才会努力朝着理想的目标前进，才会成为胜利者。

行动是成长的法则，而努力是进步的唯一途径。当人们满足于低标准，不再为更好的未来而努力时，他就会在体力、精神和道德上走下坡路。相反，如果他们真诚地希望通过不懈的努力来改善自己的处境，就会造就更加高尚的人格。

有人问一位美国薪水很高的职业经理，成功的秘诀是什么？那人回答说："我还没有成功呢？没有人会真正成功。前面总是有更高的目标。"

只有小人物才会认为自己是成功者，而真正伟大的人物从没有达到过他们的目标。因为随着他们的进步，他们的标准会越定越高；随着他们眼界的开阔，他们的进取心会逐渐增长。

只有满足于眼前成就的人才会停步不前。而进步者总是感到不足。不断完善的人总是无法满足已有的成就，总是去追寻更伟大、更完善、更充实的东西。

用意志战胜和改变懦弱心态

胆小让你压抑、脆弱、唯唯诺诺，胆小让你不思进取，失去机会。只有克服怯懦心理才能获得成功的喜悦。

作为一种性格缺陷，怯懦的基本表现是：胆小怕事，遇事好退缩，容易屈从他人，甚至逆来顺受，无反抗精神；进取心差，意志薄弱，害怕困难，在困难面前张皇失措；感情脆弱，经不住挫折和失败。青年人一旦形成怯懦性格后，往往从怀疑自己的能力到不能表现自己的能力，从怯于与人交往到孤僻地自我封闭，就会形成不良的人际关系，而不良的人际关系反过来又会加深怯懦。苏霍姆林斯基所指出的“学校病”之一的“精神恐惧病”，即指这种性格缺陷：不及格分数困扰学生，使其精神受到刺激，因而一看到评分就恐惧。由于老师的批评而怕老师，因而一看到老师就恐惧，由于恐惧而不能正常思维，教师的大声训斥，甚至是对别的学生的训斥，都会抑制他的智力活动，导致成绩不良。

怯懦性格的产生同家庭溺爱、袒护、娇惯有关，与父母长期的呵斥、打骂也有关，在学校中，没有受到意志力的锻炼也会加重怯懦性格的形成。性格内向、感情脆弱的青年倘若得不到适当的锻炼和引导，便容易形成怯懦性格。

任何一个怯懦者都不希望自己是怯懦的，但既然已产生怯懦的性格，就要正视，寻求克服的办法。

（1）反条件训练法

反条件训练法就是有意识地创造各种条件多次重复进行登场前的预备演习，以便使语言流畅，临场时能稳定自己的情绪。如，你有开会发言怯场的毛病，那开会之前就先拟好讲稿或提纲，然后自己先念几次。再把你的观点在家人、朋友、同学或同事中自然地说出来，最后在开会讨论发言时，你熟悉了自己所要讲的内容后，语言就流畅了，心情也会因此而镇定。这种训练方法也可以培养认真的习惯。

（2）自律性训练法

有的时候没有条件事先做充分准备，当你临时出场而感到紧张时，这时必须控制紧张情绪外露，使神态保持自然，身体保持舒适的姿势，然后告诉自己：“我很舒服，很镇定。”这样自律性的安慰，也可以达到消除过敏、放松心情的效果。

（3）模仿法

经常注意观察和模仿一些泰然自若、善于交际、活泼开朗的人的言谈举止风度，对照自己的弱点加以克服。根据自己的气质养成自己的风格。

（4）气氛转换法

在与人交谈或在公众场合发言时，当你从别人的眼神、表现中发现不自然时，千万不要以失败者的心理对待自己，你可以在人们毫不注意时迅速转换话题，使气氛得到缓和。如果你觉得某一阶段连续工作心情过于紧张，那就换换环境，进行适当的娱乐活动和休息，使心情平静，增加活力，以消除因精神疲劳而造成的紧张心理。

总之，只要你能豁出去，勇敢地表现自己真实的自我，当你有了成功的体验时，怯懦从此便会消失。

保持平和心态

平和是一种修养，是一种境界。有道是“不以物喜，不以己悲”。只有纯朴的心灵不被浮尘所染时，您才会享受到平和的恬美。

有人曾问苏格拉底：“请告诉我，为什么我从未见过您蹙眉，您的心情怎么总是这样好呢？”苏格拉底答道：“我没有那种失去了它就使我感到遗憾的东西。”不以物喜，不以己悲，这是人生的一种境界。“跌倒了并不可怕，重要的是懂得站起来时手里能够抓到一把沙子”。

任何一次成功都仅仅是人生旅途中的一个驿站，它来源于平实，归终于平实，一个社会格局的开创固然需要很多野心勃勃的人物的创造，但一个社会是否能够持久安定，维持文化的尊严与品格，还是需要全社会都建立培养一种平和的心态。

平和的心态对健康的积极作用，是任何药物所不能替代的，在竞争日益激烈的今天，学会平和自己的心态对身体健康乃至事业的成败都是至关重要的。有句俗语：“心静自然凉”，如果人的心态、心境能够悠然、恬静、积极健康、顺其自然，那么即使是在炎热的夏天，也会有清凉的感觉。或许有人会说古人生活在田园之间，“采菊东篱下，悠然见南山”这种典型的农业文明下，人不需要面对那么多的诱惑，自然能够做到心态平和，这句话或许有一定的道理，在物欲横流、诱惑重重的今天能够做到平和并非易事。在数字化的时代，我们不断地接受各种各样的刺激，不断地吸收五花八门的信息，不断地追求和积累所谓的人生价值。面对纷繁复杂的大千世界，久而久之，连我们自己都会被搅得晕头转向，不知道这些到底是什么，自己所要的又是什么。我们积累的太多关于名誉、地位、财富、学历的欲念，同时也积累了很多兴奋、自豪、快乐、幸福以及烦恼郁闷、懊悔、自卑、挫折、沮丧、愤怒、仇恨、压力种种复杂的情绪。我们会时常为之所动，甚至神魂颠倒；被外界的刺激搅得心神不宁甚至坐卧不安。要重新稳固我们生活的定力，回归平和的心态，就常常得给自己的心理洗一洗澡，经常将这些积累的东西分类鉴别：早该抛弃的是否依旧还在占据你的心灵空间？早该珍视的是否还在被你漠视？吐故纳新之后，就如同你在擦拭掉门窗上的尘埃与地面上的污垢，把一切整理就绪之后，整个人好像心理阴霾得到荡涤一样，获得一种快意无比的心理释放。

心理学家也告诉我们，对自己不要过于苛求。若把目标和要求定在自己力所能及的范围内，不仅易于实现，而且心情也容易舒畅；对他人的期望不可过高。很多人把自己的希望寄托在他人身上，若对方达不到自己的要求，就大失所望。

但是平和并不是掩饰自身某种退缩、自欺欺人的外衣，这些年来，“平常心”平和心态似乎成了一个时髦的词，在各种媒体中使用率非常高，但是我却认为平和是一种经过挫折失败，不断奋斗努力才能历练出的人生境味，它并不是几句“平常心”“与世无争”“顺其自然”等等好像禅味十足的言辞所能概括的。事实上就像小孩子不跌倒就不会走路一样，不经过一番血与火的生命洗礼，哪能如此轻易地练就一颗平和的心呢？

犹如一把弦乐器，弦松了紧了，都要变调。只有不时地加以调整，弦音才会纯正。正如马寅初所说，“宠辱不惊闲看庭前花开花落，去留无意漫观天外云展云舒”。只有当心态有了平和而又不失进取的弦音，我们生存在这个社会中才能左右逢源，许多棘手问题也便迎刃而解，许多人间的美景才能尽收眼底。平和的心态是一种至高的人生境界，一种面对荣誉、金钱、利益的达观与豁达。人的一生中有一段时间内做到平和并非难事，但是当荣誉、地位纷至沓来的时候，在鲜花、赞美中仍能保持平和的心态，就非易事了。

用理智锁住浮躁的心态

锁住浮躁，要靠一种成就大事的决心和旷日持久的恒心，这是一种内心的修炼，更是一种定力，需要长久地磨炼。

记得看过这样一则消息：在一次招聘会上，一个单位收到的 84 份大学毕业生自荐表中，发现有 5 人同时为同一学校的学生会主席，6 人同时为同校同班“品学兼优”的班长。但是走进大学校园里调查一下，发现有人把别人的英语等级考试证书、计算机等级考试证书、奖学金证书、优秀学生干部奖状以及发表过的文章，改头换面复印，就变成了自己的“辉煌经历”……有的大学毕业的女生为了吸引用人单位的注意，以期能够被录用，更是将自己的简历搞成了豪华本的艺术图片集。当用人单位在慨叹“现在的大学生真是浮躁”时，反过来想一想，用人单位何尝不浮躁，要人就要塔尖上的人才，要求一到单位就能文能武，十八般武艺样样能上……最好一挖就挖个宝，能够马上创造出效益，提那么高、那么偏的要求，那不是逼着求职者去涂脂搽粉，造假注水吗？

再有就是高考的题目，它是比较能折射当今社会的普遍的心态的。记得 1999 年高考命题作文就是《假如记忆可以移植》，这是当今社会很多年轻人的梦想，要是不用费劲就能一下子变聪明就好了，头脑发热中，大家都忘记了从量变到质变的道理，宁愿相信立竿见影。他们甚至渴望科学家们能发明“知识注射液”，在数秒钟内使自己成为天才，这都源于焦灼与浮躁的驱动。

再看看社会生活的各个侧面，浮躁的心态无时不在，有精心制造“皇帝的新衣”的浮躁，有“移花接木”“经济实惠”的浮躁，更有信手拈来、“一挥而就”的浮躁。投射到每个人身上不外乎是这样的表现，做事情三心二意、朝三暮四、浅尝辄止；或是东一榔头西一棒槌，既要鱼也要熊掌，或是这山望着那山高，静不下心来，耐不得寂寞，稍不如意就轻易放弃，从来不肯为一件事倾尽全力。但究其实质不外乎是急于求成、渴望结果的超常迫切心态。

的确，这是一个充满诱惑的时代，香车美女、豪宅别墅、甚嚣尘上的社会，抵制诱惑需要非一般的定力，流光溢彩的大千世界，每个人似乎都难以抑制那颗驿动的心，它簇拥着你义无反顾地冲向前面不可名状的诱惑。这种种的诱惑中有虚无缥缈的名，有金光闪闪的利。这令人眼花缭乱的名利，是让人浮躁的根源。

当然，我们是凡人，面对诱惑，不可能完全无动于衷。但是当我们真正要选择时，面对纷繁复杂的诱惑，我们是沦为名利的奴仆，还是面对真实的自我？如果我们头脑发热地被名利牵去，那我们就不但锁不住浮躁，反而会被浮躁锁住。

心理学家认为：焦灼与浮躁，通常是动机水平和焦虑程度过高的表现。图安逸、避劳神，敷衍塞责，惰性膨胀，怀着浮躁的心态走得远了，很容易导致理性的迷失，渐变为一种病态的人格。俗话说，欲速则不达。为此，心理学家一再告诫人们：成就某事的动机水平和焦虑程度以适度为宜。

任何事情都有其规律和顺序。人生宏大的目标应当以累积诸多小目标为基础。当我们被烦恼困扰时，重要而关键的是赶快地调整自己心灵的镜头焦点，排遣出心中的郁闷，让浮躁的沙砾沉淀下来。

现代化还应该包括精神的现代化。现代人的标志，也绝不止于会英语、会驾车、能够在出国考试拿得高分、懂得网络技术、享受名牌服饰。没有对现代社会的冷静认识与思考，没有对个体人格的自觉完善以及对其他社会成员的道义关怀，也不过是个精神上的“现代贫民”而已。

所以，我们更有理由拒绝浮躁，拒绝急于求成。即使在数字化生存的时代，你也还需要找准最初的那个点。这大概就是越来越多的学者提倡理性与人文精神的原因。

给自己浮躁的心一点清凉，并不是要锁住我们奋发向上的雄心，而是要锁住我们永不满足的上进心；锁住浮躁，不是要锁住我们勇往直前的进取，而是要锁住我们投机取巧的钻营；锁住浮躁，不是要锁住我们挥汗如雨的努力，而是要锁住我们琐屑无聊的攀比。锁住浮躁，要靠一种竟成大事的决心和旷日持久的恒心，这是一种内心的修炼，更是一种定力，需要我们长久地磨炼。在短短的人生之旅中，我们锁住了浮躁，就是战胜了人生路上的一大劲敌。以此作为一个基点，我们就将一路披荆斩棘，登上一个又一个人生的制高点。